［清］罗聘《猫趣图》

［清］任颐《猫戏图》

［清］任颐《芭蕉狸猫图轴》

［明］商喜《写生图》

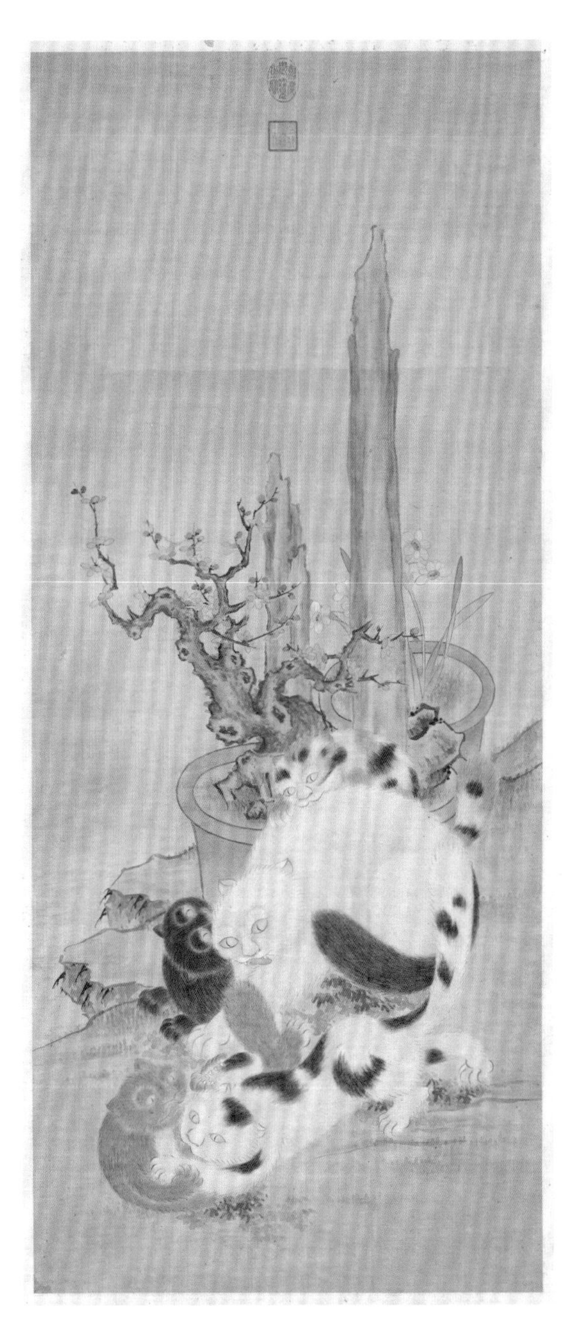

［明］佚名《明人眉寿图》

［清］屈兆麟《猫戏蝴蝶花》立轴

［宋］佚名《狸奴图》

[宋]佚名《戏猫图》

刘朝飞　编著

巴蜀书社

图书在版编目（CIP）数据

中国猫咪 / 刘朝飞编著 . — 成都：巴蜀书社，
2024. 10（2025.1 重印）.— ISBN 978-7-5531-2281-6
I. Q959. 838-49

中国国家版本馆 CIP 数据核字第 20243Z9G78 号

ZHONGGUO MAOMI

中国猫咪

刘朝飞 编著

策　　划　远涉文化
出版统筹　王群栗　袁梓圻
策划编辑　罗婷婷　牟　璐
责任编辑　杨　波
营销编辑　庄本婷　鄢心怡　李　杨
封面设计　冉悦沛
封面插画　晓涵Leah Han
责任印制　田东洋　谷雨婷
出版发行　巴蜀书社
　　　　　地址：成都市锦江区三色路238号新华之星A座36楼　邮编：610031
　　　　　总编室电话：028-86361843　　发行科电话：028-86361852
网　　址　www.bsbook.com
制　　作　四川胜翔数码印务设计有限公司
印　　刷　四川宏丰印务有限公司
　　　　　电话：028-84622418　　13689082673
版　　次　2024年11月第1版
印　　次　2025年1月第2次印刷
成品尺寸　145mm×210mm
印　　张　12
彩　　插　4
字　　数　240千
书　　号　ISBN 978-7-5531-2281-6
定　　价　59.80元

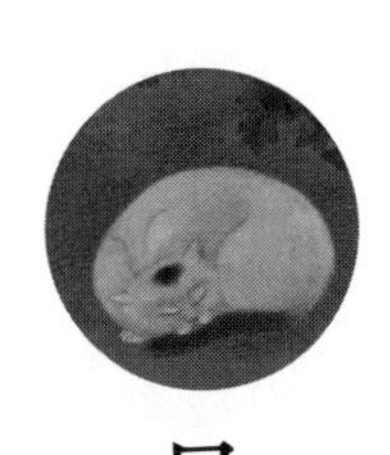

目录

乞取衔蝉与护持——为《中国猫咪》序……〇〇一

一　中国猫咪知多少……〇〇七

种　类……〇〇九

唐　猫……〇一二

长毛猫……〇一五

盐城猫……〇一七

四耳猫……〇一八

三脚猫……〇一九

麒麟尾……〇二一

虩　猫……〇二三

与猫类似……〇二五

二　如何正确挑选猫咪……〇三七
相猫经……〇三九
补　说……〇四六
他　法……〇五四
三　哪些『美猫』最动人……〇五七
四　古人养猫的传统习俗……〇七三
用　聘……〇七五
择　吉……〇七五
聘　礼……〇七七
纳猫法……〇七九
求子、产子……〇八二
民　俗……〇八四
五　神奇的古代猫儿……〇九五
原　始……〇九七
神　异……一〇三

物理……一一三
辟鼠……一二二
农谚……一二八
六　猫有哪些古雅的名字……一二九
通名……一三一
私名……一四〇
名猫非猫……一四六
七　唐、五代及以前的猫咪故事……一五五
唐前……一五七
唐……一六五
五代……一九九
八　宋至明的猫咪故事……二〇三
宋代……二〇五
金元……二二七
明代……二二八

九　清代以来的猫咪故事……二四三
十　历史上著名的猫诗词……二八九
宋代猫诗词……二九一
金代猫诗词……三〇一
元代猫诗词……三〇四
明代猫诗词……三〇五
清代猫诗词……三〇九
十一　历史上著名的猫文……三三三
唐代猫文……三三五
宋代猫文……三四六
元代猫文……三六三
明代猫文……三六五
清代猫文……三六九
后　记……三七五

乞取衔蝉与护持
——为《中国猫咪》序

刘易斯说:“在最深刻的意义上，只有驯顺的动物才是天然的动物……只有在野兽与人类的关系中，以及经由人类与神的关系中，我们才能理解野兽。”话虽武断，用以解释宠物存在的意义却实在合适，毕竟驯顺本就是它们为走近人类、接受豢养而交出的安全声明。作为侧写主人恩威的绝佳光源，宠物们终要允许主人一点点解剥掉自己的陌生感，最终将名字交付人类的语言，彻底走入一种它们所不能理解的社会关系。

猫可能是其中的异类，与狮子狗或金丝雀相比，它始终倔强地保留着一部分与自然共生的神秘与萧散，却奇迹般地得到了更多的宠爱——及至当代，捕鼠技能在城市中早不再有施展余地，所谓九命的神力也在科学解构下失去了光环，可甘心成为猫奴的人却反而愈发多了。这种令人费解的关系清明地映照着我们对自己心底真实需求的无知:商场中的猫咖、货架中的妙鲜包，抑或花坛里的猫薄荷，无不在提醒着人们对猫的接受历程还在追切地等待一种准确的描述。

我们需要一架可以照神的古镜，这门动物史学科的价值也正在于此。

初识朝飞兄时，正值他刚刚出版一册写《山海经》的博物随笔集《志怪于常》，恰与拙作《所思不远》同收入一套名为“知·趣”的丛书，其中有篇《狸奴小於（wū）菟（tú）》便对猫的文化史进行了很具意趣的盘点。文章不长，干脆，清新而熨帖，无由令我想到右丞一句“香饭青菰米，嘉蔬绿笋茎”，于精到简洁中见丰盈。谈到这篇文章时，朝飞兄便说起他点校过清代爱猫才女孙荪意的《衔蝉小录》，不久还寄了我一本他自排自印的小册子。

清代出版业日益繁荣，不出门闾的闺秀也借此有了博览群书的机会，于是才媛辈出。而在一众才女中，孙荪意仍以她为爱猫而著书的痴癖令人印象深刻。《衔蝉小录》立意可爱，却是一部纂辑谨细的认真之作，我此前曾读过杭州陆蓓蓉女史注评的一版，如见两位爱猫的聪慧少女跨越时空笔谈，很感神往。朝飞兄的点校则更见他的学术性格，利落准确，更近以学者的声气去正色面对另一位学者——这种感觉自出有因：他曾冒着得罪猫奴责编的风险承认自己并不爱猫，也或许正因为这重冷静客观，让他反而能在人与猫共行的历史来路上回望得更远。

足够坚定的视线永远不会落空。《志怪于常》出版后未及两年，他便意犹未尽地写出了《猫奴图传：中国古代喵呜文化》一书，同样收录在了“知·趣”丛书中，以大愿力作小题目，如狮子搏兔，将《狸奴小於菟》与《衔蝉小录》的因缘存构了下来。之后，朝飞兄笔耕不倦，自细处开生发，积累了许多有价值的研究。《中国猫咪》已是朝飞兄第四部关于猫的专著了，而显然这仍不是这场探索的终局。

每种书目各有侧重，朝飞兄说想到邀我为此书作序，主因是他在书中对诗文部分下了很大功夫：自搜集至校注，不独有书斋中的经营，亦尝多方请托各地友人搜集了大量影像资料用以佐证。他自得地说："清代自钱芳标之后有很多《雪狮儿》咏猫词，我这里应该搜集得最多。"拙作《所思不远》中传主朱彝尊便有和钱芳标的《雪狮儿》三首，我查证资料时曾见过，却是后来读到《衔蝉小录》才知，这三首词只是一场跨越百年的文坛盛事中一角小小拼图，而其肇端正在钱词。咏物是清初词学复兴后被文坛着重渲染的主题，它能满足词人晒腹笥与秀手段双重隐秘的需求，也便天然会引发唱和，生成群像，这组猫词便是很好的旁证。在朱彝尊的带动下，顺康词人们"遍搜猫典"，"和什如云"，写出不少佳作，而及至雍乾，浙西词派后学辈出，"竹垞开之，樊榭浚而深之"的厉鹗作为后劲义不容辞地接过词坛领袖之责，他"选典益僻，自稗官琐录，以逮前人诗句，古时俗谚，搜罗殆备"，用带着挑战先贤的认真态度将这场唱和强势地继续了下去。从四首和作词序中"凡二家所有，勿重引焉"的约定，很能看出厉鹗对自己才学的自负，而后来者们也都默认了他增设的难度（吴锡麟序中同样提到"凡诸家所有，不引焉"），不用前人引过的事典。词人们各展其能，所得《雪狮儿》词总数较顺康朝又多一倍。知晓这重关节，我们便不得不感叹斯时若手边有一本《中国猫咪》这样的书，斗才当不知便利几多。唱和直至道咸年间还在绵延，于是顺理成章地，我们在《雪狮儿》作者中等来了辑《猫乘》的王初桐与辑《衔蝉小录》的孙荪意（或因手帕交的原因，浙江的才女吴藻也参与了进来）。王初桐在《猫乘》的序言中如实地交代了这重因果："余亦有效颦三阕……因复于雠校之余，指授抄胥采录，积久成帙。取而治之，削繁去冗，分门析类，厘为八卷，名曰《猫乘》。"显然如无这场旷日持久的斗才，我们的第一部猫咪类书只怕要更晚面世。在词史的串联下重看，《中国猫咪》中这些被朝飞兄分文别类用心搜集起来的资料便更有了人的气息，种种沉入岁月的可爱情味、争胜心思、勤谨事功、沉着铺排，俱被从文字中一一起出，熠熠生华。

朝飞兄知我好填词，便索我同题之作参看[1]，然我写猫早已脱离了咏猫的范式，摹写有余而典重苦少，倒令他满腹事材难以施展。他感慨前人的写法已使这条路越走越窄，倒是不再用典才好弯道超车——但其实避典就实的趋势并不始于今日。自本书所整理的诗词中我们不难看出，经厉鹗等人一番淘洗，同题事典已见后力不济之相，后来的词人不得不取道真实，对猫咪的观察也随趋细腻，渐生情致。孙荪意写"牡丹花午"时猫瞳孔拉直的"双睛竖"已是非常生动，而丈夫为她向郭麐索题的同调则更注意了猫嗅薄荷后瞳孔放大的特点："薄荷酣后，双睛圆处"，一圆一竖，

---

① 《木兰花》（九月十七夜出观月遇游猫口占，酬诗友赠桃）：推门寻月光无准。蹑影狸奴蘧尔近。绕人团走帔黄花，天外桂斑尘里认。　敌风敌露拳绒润。来路冥冥秋万仞。拼来一饱卧随庭，正好缃桃芳欲璺。

各领观物之细。后来，女词人吴藻承袭“渐双睛圆到、夕阳红亚”的瞳孔渐变之余，更调侃猫咪“小样痴肥，响踏楼头鸳瓦”“黄胖泥孩同塑”——橘猫易发胖，这当也是养猫人最温存的发现了。在这场绵延百余年的角力中，猫咪已渐渐摆脱了它的职责，也不再止于素材或宠物，更成了人内心爱意的引流之渠，这可能正是我们开篇问题的答案：驯顺之外，人们同样向往安全的神秘感。对微小之物保持观察与好奇，同样是我们自我建构的需要——而朝飞兄则正以他谨细而全面的注释护持着我们千百年来的这重觉知。

朝飞兄自谦他不懂文学，但闻他为人讲《金铜仙人辞汉歌》，一字字解释为何是“东关”，为何是“酸风”，为何是“射眸子”，讲着讲着竟至哽咽不成声，很感慨这是极具慧心的人才拥有的感性——正以冷板凳上日复一日的苦功夫打磨，它方能在不期中莹然透润出来。朝飞兄应与我同龄，人生经历的差异却很大。在我尚按部就班，迎着世俗无用的幻光被命运推动时，他早已在一次次勇敢的磕碰里认准了自己要走的道路。一个有建树的学者注定有坚定的志向，也迟早经历洪流捶打，方知自己立身何处。从这个角度讲，种种令人心有恻隐的遭遇，最终都会变为筑建自我的砖石。听闻朝飞兄终于在猫咪类书带来的际遇中得识才慧眼青睐，栖身高校，自此专职从事学术研究，实在由衷为他高兴，也期待此后能看到他更多更好的著作。

宋代的蔡肇有乞猫诗说“腐儒生计惟黄卷，乞取衔蝉与护持”，虽语近自嘲，却痴而可喜，令我过目难忘。猫咪与著述，本是一组相护相持的缘业，它们时显时隐，或离或缠，足以让每个捧起书的爱猫人会心一笑，而这本《中国猫咪》，便是两者间极重要的一道编系。愿读者绕指三思，慎勿轻之。

是为序。

李让眉

于京中小暑

一 中国猫咪知多少

解题

兽之种类甚多，猫儿固然是其中之一，然而猫与猫又有很多不同。说起来，考察、推知各种猫之间的异同，不只是专门出于分析论证，也合乎孔子所谓『多识于鸟兽草木之名』之古训。因此，特辑一篇《种类》。

夫兽类其繁乎，猫固兽中之一类也，然其种之杂出，又甚不同。以之尚论，必因厥类而推暨其种，非特用资辨证，则亦多识夫鸟兽之名之一助也。辑《种类》。——［清］黄汉《猫苑·种类》

种 类

◎同类

狸猫、赤狐、猪獾、貉（hé）子这四种动物是同类，它们的脚掌叫作蹯（fán），它们的足迹叫作内（róu）。

狸、狐、貒（tuān）、貈（hé）丑，其足蹯，其迹内。——《尔雅·释兽》

◎狐狸

汉代初年有人说“狐狸”，那么一定不知道什么是“狐”，又不知道什么是“狸”。他们不是没有见过“狐”，就是没有见过“狸”。事实上狐和狸并不是一种动物。笼统地说“狐狸”，是不懂“狐”和“狸”并不一样。

今谓“狐狸”，则必不知“狐”，又不知“狸”。非未尝见狐者，必未尝见狸也。“狐”“狸”非[①]同类也。而谓“狐狸”，则不知“狐”“狸”。——［西汉］《淮南子·缪称》

◎狸猫

中国古人更多的是把猫称作狸，少数情况下也称作貔（pí）（与“豾（pī）”字通）。

貔、狸，猫也。豾，狸也。——［三国魏］张揖《广雅·释兽》

---

① “非”下原文衍“异”字。

[清] 任颐《芭蕉狸猫图轴》

◎并称

古代猫和狸通用。《吕氏春秋·功名》：“用狸去招老鼠，用冰块去招苍蝇，再巧的人也做不到。”《韩非子·扬权》：“让鸡报晓，让狸捕鼠，都是发挥其各自的特长。”《庄子》佚文：“羊沟这个地方的鸡，头上涂了狸的油脂，就可以斗败别人的鸡了。”西晋司马彪注：“鸡怕狸的油脂。”还有《说苑·杂言》：“让骏马来捕鼠，还不如让仅值百钱的狸来。”还有《盐铁论·诏圣》：“老鼠被逼到极点也会咬伤狸。”这些都可以说明狸就是猫。《抱朴子·登涉》：“人在寅日走在山中，遇到自称令长的，那是成了精的狸。”可见猫与狸相同，与虎同属于地支的寅，各种道理都能合得上。

古者猫狸并称。《韩非子》：“将狸致鼠，将冰致蝇，必不可得。”[①]又：“使鸡司夜，令狸执鼠，皆用其能。”《庄子》：“羊沟之鸡，以狸膏涂头，故斗胜人。”注：“鸡畏狸膏。”又《说苑》：“使骐骥捕鼠，不如百钱之狸。”又《盐铁论》：“鼠穷[②]啮狸。”凡此皆是也。《抱朴子》：“寅日山中称令长者，狸也。”是猫为狸类，与虎同属于寅，诸义悉合。——［清］黄汉《猫苑·种类》汉又按

◎家野

（中古以后）人们常把家养的叫作“猫”，野生的叫作“狸”（并不绝对）。野生的也有好几种：体型如狐，毛色

① 《吕氏春秋》：“以狸致鼠，以冰致蝇，虽工不能。”而黄汉引文不见于今《韩非子》，今译文从《吕氏春秋》。

② 《盐铁论》原文作“穷鼠”。

黄黑相杂，其中身上长着猫一般的斑点，有着圆圆的头和粗壮的尾巴的，是“猫狸”，善于偷窃鸡鸭，气味臭，这种野猫的肉不能吃；而那些有着貙（chū）虎一样的花斑，尖头方口的，是“虎狸”，它们喜欢吃虫子、老鼠和植物果实，气味不臭，这种野猫的肉可以吃。

家狸为猫，野猫为狸[①]。狸有数种：大小如狐[②]，毛杂黄黑，有斑如猫，而圆头大尾者，为猫狸，善窃鸡鸭，其气臭，肉不可食；有斑如貙虎，而尖头方口者，为虎狸，善食虫鼠果实，其肉不臭，可食。——［明］李时珍《本草纲目·兽部》

◎尖嘴

民间把宽嘴的叫作“猫”，尖嘴的则叫作“猫狸”。

俗谓阔口者为猫，尖嘴者为猫狸。——［清］黄汉《猫苑·种类》汉按

唐猫

在唐代，楚州府山阳县（今江苏淮安）出产一种猫，有褐色的花纹；灵武（今宁夏银川灵武）的猫有红叱拨[③]和青骢色的。

楚州谢阳出猫，有褐花者。灵武有红叱拨及青骢色者。——［唐］段成式《酉阳杂俎·续集卷八·支动》

---

① 此处为意引，参考《猫苑》引《正字通》。

② 此句疑当作“大如小狐”。

③ 红叱拨，一种名贵的猫。

［清］罗聘《猫趣图》

[清] 佚名《睡猫图》

小贴士

唐代晚期，人们就已经关注猫的毛色了，并且有产生地方性品种的倾向。这里说到的两个地方，一个靠近东方大海，一个靠近陆上丝绸之路，似乎可以说明中国家猫与域外文化的关系比较大。

长毛猫

◎狮猫

杭州人养的猫中，有一种毛长而白的，名叫狮猫，是不捉老鼠的，只是因为好看而特别受人高看和宠爱。

都人蓄猫，有长毛白色者，名曰狮猫，盖不捕之猫，徒以观美特见贵爱。——［宋］潜说友《咸淳临安志》

◎波斯猫

（跟普通的猫相比）波斯猫显得特别大。

波斯猫极大。——［清］朱彝尊《日下旧闻考》

当时所谓的“波斯猫”，其实很可能只是长毛猫，仍是中国人自己驯养的。我国自宋代就有长毛猫（狮子猫）了，明清之际不用总是去中亚进口。只因为狮子猫不捕鼠，所以少见而已。如今所谓的“波斯猫”起源于19世纪晚期的英国，特点是矮胖，虽同为长毛，但与中国古代之物名同实异。

◎临清猫

山东临清州出产的猫，外表显得特别宝贵，但是爱偷懒，不能捕鼠，所以那里的人管虚有其表而没有真才实干的男子，叫作“临清猫”。

山东临清州产猫，形色丰美可珍，惟耽慵逸，不能捕鼠，故彼中人以男子虚有其表而无才能者，呼之为“临清猫”。——［清］黄汉《猫苑·故事》引刘月农巡尹云

◎金银眼

从外国来的猫，有的眼睛是金黄色的，有的眼睛是银白色的，也有两只眼睛一只金黄色、一只银白色的。

其自番来者，有金眼、银眼，有一金一银者。——［明］方以智《物理小识》

小贴士

黄汉说：“金银眼又名阴阳眼。”并引张心田（炯）说，他小时候在外祖父家中，亲眼见过长着一对金银眼的狮子猫。如今则一般称这种性状为“异瞳”。

《纳猫儿契式》

东王公证见南不去

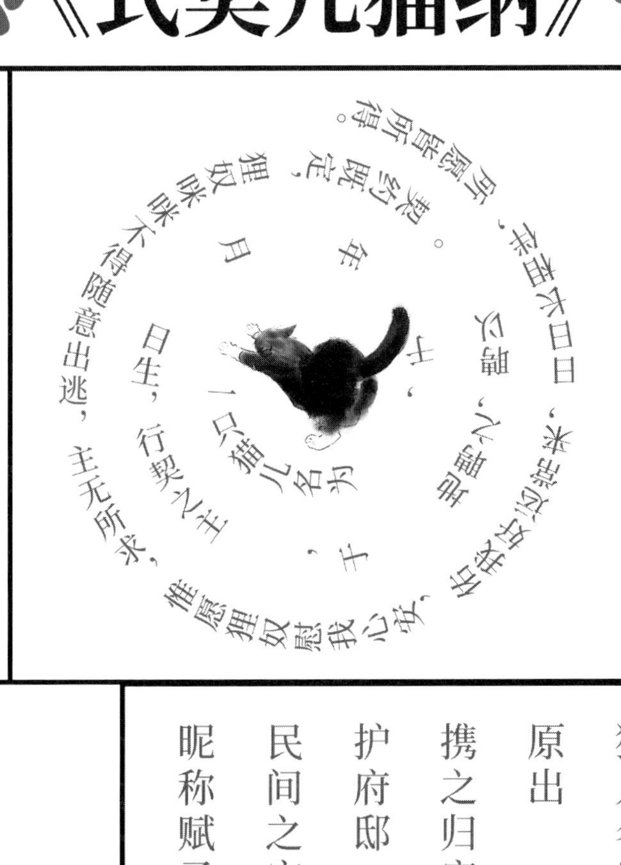

西王母证知北不游

猫儿名曰

原出　　方

携之归家

护府邸

民间之宠

昵称赋予

行契人

年　　月

◎**绝品**

狮猫产于西方各国，毛长身大，不擅长捕鼠。有一种长得像兔子，眼睛是红色的，耳朵特别长，尾巴短得像刷子，身体又高又胖，虽然驯顺但笨笨的。最近广东出现了一种无尾猫，也是国外进口的，十分擅长捕鼠，其他地方很少见到，可谓绝品，不能因为常见的洋猫不擅长捕鼠而轻视这种无尾猫。

狮猫产西洋诸国，毛长身大，不善捕鼠。一种如兔，眼红耳长，尾短如刷，身高体肥，虽驯而笨。近粤中有一种无尾猫，亦来外洋，最善捕鼠，他处绝少见之，可谓绝品，不得概以洋猫而薄之也。——［清］黄汉《猫苑·种类》引张孟仙曰

◎**进宫**

狮猫，历朝历代的皇宫和大臣家中多有豢养。清咸丰元年（1851）五月，太监白三喜私自让他的侄子白大进入皇宫取狮猫，又因为别的案子，终于酿成大案而被奏本法办，事见当时官方发行的报纸。

狮猫，历朝宫禁卿相家多畜之。咸丰元年五月，太监白三喜使侄白大进宫取狮猫，另因他事，酿案奏办，见邸报。——［清］黄汉《猫苑·种类》汉按

盐城猫

淮安盐城县（今江苏盐城盐都区及亭湖区）出产的猫

特别好，和普通的猫不一样，有一种眼睛是红色的，毛白如雪，其形似兔，其他地方都少见。

淮安盐城县所出猫甚佳，与常产不同，一种目睛赤色，毛白如雪，其形类兔，彼处亦罕得。——［清］孙荪意《衔蝉小录·纪原》

四耳猫

◎简州猫

四川简州（今简阳）的猫都是四只耳朵，有从简州来的人亲口跟我（袁枚）说过。

四川简州猫皆四耳，有从简州来者亲为余言。——［清］袁枚《子不语》

四耳并非稳定可遗传性状，小说家之言不必当真。

◎贡送

四耳是指正常耳朵里面还各有一只小耳朵。简州的地方官每年都会拿四耳猫给同僚送礼，花费很多。

四耳者，耳中有耳也。州官每岁以之贡送寅僚，所费猫价不少。——［清］黄汉《猫苑·种类》引张孟仙刺史云

◎**美猫**

清乾隆年间，巡抚李尧栋的女儿喜欢猫，李任职成都时，简州人曾经进献了几十只好猫，连带小号的床榻及绣锦的帷帐。总督孙平叔有个孙女也喜欢猫。孙任职于福建和浙江时，台湾（当时属福建）的地方官进献的也有很多好猫。

昔李松云中丞之女公子爱猫，中丞守成都时，简州尝选佳猫数十头，并制小床榻，及绣锦帷帐以献。孙平叔制军有女孙，亦爱猫，督闽浙时，台湾守令所献，亦多美猫。——［清］黄汉《猫苑·种类》引华润庭[1]云

可怜的猫儿，落入了这些权贵手中。《猫苑》在讲述这些故事时，丝毫没有对权贵的批判之意。此条之后，更引裘子鹤参军（桢）云："以床榻绣锦帷帐处猫，此古今创格。张大夫之绿纱幮，不得专美于前矣。"（用床榻、绣锦帷帐来安置猫，这是有史以来第一次。唐末连山大夫张抟曾用绿纱幮安置猫，至此有了回响。）一味艳羡猫儿得到的"恩宠"。

三脚猫

民间把事情做得不是很好的人叫作"三脚猫"。明嘉

① 原书自注："润庭名滋德，锡山人。"地即今江苏无锡锡山。

靖年间，南京神乐观的道士袁素居就真的有一只三脚猫，特擅捕鼠，虽走路都成问题，但顺着房檐上墙却像飞一样。袁素居道士擅长篆刻，所以很多士大夫跟他有交情。我（郎瑛）的朋友俞亭川也曾经亲眼见过那只三脚猫。

清代广东电白县水东镇的杨姓浙江人，养着一只三条腿的猫。这只猫的后面一条腿又短又软，没有长成形；眼睛是一只黄一只白，俗称“日月眼”。它特别瘦小，叫声也尖细，但老鼠听到它的声音马上就会退避。它见了狗就爬到狗背上，咬狗的耳朵，狗也怕它。

俗以事不尽善者，谓之“三脚猫”。嘉靖间，南京神乐观道士袁素居，果有一枚，极善捕鼠，而走不成步，循檐上壁如飞也。道士因善篆刻，士夫多与交，吾友俞亭川亦尝亲见之也。——［明］郎瑛《七修类稿》

电白县水东镇浙人杨姓，畜一猫，而三足，后一足短软，不具其形，其眼一黄一白，俗呼“日月眼”，甚瘦小，声亦细，鼠闻声辄避，见狗即登其背，龁其耳，狗亦畏之。——［清］黄汉《猫苑·种类》引山阴[1]诸绳山（熙）曰

小贴士

此即“幸存者偏差”。事实上三脚猫都是残疾，没有那么厉害。不要对残疾的猫有太多期待，它们很可能不厉害，但仍然有可能是可爱的。

① 山阴，在今浙江绍兴。

麒麟尾

◎歧尾猫

有一种叫歧尾猫的，出自广东南澳（岛），尾巴打着卷儿，形状如同如意的头，名叫“麒麟尾”，也叫“如意尾”，捕鼠甚是骁勇。

一种歧尾猫：产南澳，其尾卷，形若如意头，呼为“麒麟尾”，亦呼“如意尾”，捕鼠极猛。——［清］黄汉《猫苑·种类》

明清麒麟造型常见似灵芝（如意即似灵芝）之尾，古称之为“麒麟尾”。今南方地区将短而卷曲的猫尾称为“麒麟尾”，与此不同。

◎海阳

山东海阳县丰裕仓中有只猫是麒麟尾，擅长捕鼠，整个仓库都倚赖它。

海阳县丰裕仓，有猫，麒麟尾，善于治鼠，一仓赖焉。——［清］黄汉《猫苑·种类》引山阴丁南园（士莪）云

◎潮阳

广东潮阳县文照堂的自莲和尚，有一只小猫，尾巴末

端卷曲如同麒麟尾，毛色纯黑，只有喉咙处有一撮豆粒般大小的白毛，下腹有一片小镜子般的白毛。即使是《相猫经》也没有记载它的名字，可名为“喉珠腹镜”。

潮阳县文照堂自莲师，有小猫一只，尾梢屈如麒麟尾，纯黑色，惟喉间一点白毛如豆，腹下一片白毛如小镜。虽《相猫经》，未有载名，可称“喉珠腹镜”也。——［清］黄汉《猫苑·种类》汉自记

◎九尾猫

山阴县（今浙江绍兴）西湾地区的一户人家，养有一只白猫，猫尾分九叉，叉上稍微有点肉，都非常纤细，各个细梢上的毛，细长的样子如同狮子的尾巴，人们叫它“九尾猫”。

山阴西湾人家，有一白猫，尾分九梢，梢有肉桩，皆极细，而各梢之毛，毵（sān）毵然如狮子尾，人呼为“九尾猫”。——［清］黄汉《猫苑·种类》引山阴孙赤文（定蕙）云

虦猫

浅色毛的虎叫作虦（zhàn）猫。

虎窃毛谓之虦猫。——《尔雅·释兽》

这种说法在古籍中出现得早，但几乎没有《尔雅》以外的辞例出现，自然界中笔者也找不到对应的动物。

〔清〕任颐《芙蓉白猫图轴》

［清］袁江《猫雀图》

与猫类似

◎类兽

亶爰（chán yuán）山上有一种野兽，样子长得像野猫，身上有鬣毛，名叫类，雌雄同体，人吃了它就不会产生嫉妒之心。

有兽焉，其状如狸而有髦，其名曰类，自为牝（pìn）牡，食者不妒。——《山海经·南山经》

◎灵猫

灵猫像麝（一样能出香料），生于南方的山谷中，像野猫，雌雄同体，又叫蛉狸。《异物志》说：灵猫的香味与麝香相似。

灵猫似麝，生南海山谷，如狸，自为牝牡，亦云蛉狸。《异物志》云：灵狸其气如麝。——［宋］罗愿《尔雅翼》

◎香猫

（黑契丹国的）香猫长得像猞猁，其大小便都像麝香一样香。

香猫似土豹，粪溺皆香如麝。——［元］刘郁《西使记》

◎香狸

有一种长着豹纹，身上有麝香般香气的动物，就是香狸，也就是灵猫。

有文如豹，而作麝香气者，为香狸，即灵猫也。——［明］李时珍《本草纲目·兽部》

◎麝脐猫

我（孙荪意）家曾经养过一只虎纹猫，其腹下长着像麝脐一样的囊膜，特别擅长捕鼠，后来生了几只幼崽，其中也有类似于其母的。

余家畜一猫，毛色虎斑，腹下有膜囊如麝脐，甚辟鼠，后生数子，亦有类其母者。——［清］孙荪意《衔蝉小录·纪原》

◎牛尾狸

南方有一种白面而尾似牛尾的野猫，叫作牛尾狸，也叫玉面狸，专门喜欢上树吃各种果子。冬天会长得特别肥美，人们常常将它用酒糟制成珍美的食品，能够醒酒。

南方有白面而尾似牛者，为牛尾狸，亦曰玉面狸，专上树木食百果。冬月极肥，人多糟为珍品，大能醒酒。——［明］李时珍《本草纲目·兽部》

◎皆狸

香狸、玉面狸都叫狸，但不是猫。虽然野猫也叫狸，但野猫跟家猫外形非常接近，不过是家养和野生的区别而已。狸则身长像狗，跟家猫有很大区别，大概狸和狐是一类的。

神狸、玉面狸，皆言狸，而实非猫也。虽有野猫为狸之称，但野猫形近于猫，不过家与野之分耳。狸则长身似犬，大有不同，盖狐之属。——［清］黄汉《猫苑·种类》引张孟仙刺史（应庚）曰

小贴士

这条内容反映了古人的认知局限。以今日生物学分类来衡量的话，家猫所属的猫科与灵猫、果子狸所属的灵猫科亲缘关系相对较近，而与狐所属的犬科亲缘关系则较远。即使是外形，灵猫、果子狸也更接近于家猫，而非接近于狐。或者说，古人往往更容易站在人类立场去思考问题，下意识地根据亲近人类与否来划分动物品类。

◎蒙颂

《尔雅·释兽》中说有一种像猱（一样行动迅捷）的动物，叫作“蒙颂”。晋人郭璞注:“蒙颂就是蒙贵。这种动物像猴子，但体型不大，毛紫黑色，可以家养，行动迅捷，捕鼠更胜于猫，九真、日南两郡（地皆在今越南）都有出产。猱也是猕猴类的动物。”

《尔雅·释兽》:“蒙颂，猱状。”郭璞注:“即蒙贵也。状如蜼（wèi）[①]而小，紫黑色，可畜，健，捕鼠胜于猫，九真、日南皆出之。猱，亦猕猴之类。”——《尔雅·释兽》

---

① 蜼，古书上说的一种猴类动物，具体所指不详。

◎獴猚

清《广东通志》写作“獴猚（guì）”，有黑、白、黄、狸花四种颜色，出产自泰国的最名贵。越南也出产蒙贵，见陆次云《八纮译史》。查考《尔雅》中写的是“蒙颂，猱状”，郭璞注：“状如蜼而小，紫黑色，九真、日南出之。”而《集韵》中竟然说：“猱就是蒙贵，紫黑色，健于捕鼠。”李雨村《粤东笔记》说：“明人黄衷的《海语》认为船商把獴猚带到广东，一般的猫见了都要躲避，有钱人家常常花费十两银子来买一只。现在广东人所说的洋猫，大多指的就是獴猚。”然而虞兆漋认为蒙贵不是猫，现在把猫称作蒙贵是错误的，见《天香楼偶得》。

《广东通志》作獴猚，有黑、白、黄、狸四色，产暹罗者最良。安南亦产蒙贵，见《八纮译史》。考《尔雅》作“蒙颂，猱状”，郭注：“状如蜼而小，紫黑色，九真、日南出之。”而《集韵》乃云：“猱即蒙贵也，紫黑色，捷于捕鼠。”李雨村《粤东笔记》云：“《海语》以舶估挟至广，常猫见而避之，豪家每以十金易一。今粤人所称洋猫，大抵即獴猚也。”然而虞虹升彻以蒙贵非猫，今称猫为蒙贵者误，见《天香楼偶得》。——［清］黄汉《猫苑·种类》汉按

蒙贵当即今所谓獴科动物，外形略似黄鼬，也可以家养捕鼠。

◎贵畜

獴猹长得像野猫，腿长，尾巴打结，有黄、白、黑三种毛色。出产于泰国的特别擅长捕鼠，澳门的外国人能区别不同的獴猹，经常拿它来交换两广的货物。外国人以动物为贵而以人为贱，对待獴猹不亚于子女，睡觉、起床都要抱着不放手。我们国人也学他们把动物看得特别高贵，这是出于什么心理呢！

獴猹，似狸，高足而结尾，有黄、白、黑三种。其产于暹罗者尤善捕鼠，澳门番人能辨之，常以易广中货物。番人贵畜而贱人，视獴猹不啻子女，卧起必抱持不置。吾唐人因其所贵而贵之，亦何心哉！——［清］屈大均《广东新语》

◎海狸

东牟城（治所即今山东烟台东南牟平区宁海镇）东部有一座盘岛，东北部有一座牛岛，海牛（疑为今所谓海象）和海狸（疑为今所谓海豹）以及众多海鸟常在农历五月份上岛产仔、孵卵。

东牟城东有盘岛，城东北有牛岛，常以五月，海牛及海狸与鸟产乳其上。——［宋］李昉等《太平御览》引《齐地记》

◎岛猫

黄汉自述以前在山东看见过一只“猫”，头部扁平，尾巴分叉。盖（gě）方琦先生说：“这种动物产自皮岛，名叫岛猫，也叫磝（áo）猫。”它的样子特别像登州（今山东威海）的海狸。

汉前在山东见一猫，头扁而尾歧，盖方琦广文云：“此产皮岛中，名岛猫，或呼礅猫。”其状极似登州海狸也。——［清］黄汉《猫苑·种类》

◎飞猫

印度有一种猫，长有肉质的翅膀，可以飞翔。

清代李元《蠕范》也记载了这种动物，只是没能说明是西方哪个国家的。考察《八纮译史》和《汇雅》，发现天竺国和五印度都有长着肉质翅膀而能够飞翔的猫，前面说的飞猫就是这种吧？

印第亚，其猫有肉翅，能飞。——［清］黄汉《猫苑·种类》引《坤舆外记》

李元《蠕范》亦载此，惟不指明西洋何国。考《八纮译史》并《汇雅》，天竺国及五印度，猫皆有肉翅，能飞，其即此欤？——［清］黄汉《猫苑·种类》汉按

古人所谓飞猫，当即皮翼目的鼯猴，又名猫猴、飞猴。

◎紫猫

有一种叫紫猫的，出产于中国西北地区，比普通的猫大，毛也比较长，呈紫色，当地人用它的皮做皮衣，销往内地。

清代北京城戏称紫猫皮为“翰林貂”，大概做了翰林的人照例要穿貂皮，而买不起的，都用紫猫皮代替，所以有了这个很文雅的称呼。

产西北口，视常猫为大，毛亦较长，而色紫，土人以其皮为裘，货于国中。——［清］黄汉《猫苑·种类》引王朝清《雨窗杂录》

今京师戏称紫猫为“翰林貂”，盖翰林例穿貂，无力致者，皆代以紫猫，故有是称，颇雅驯也。——［清］黄汉《猫苑·种类》汉按

所谓紫猫当即旱獭，又名土拨鼠。

◎**草上飞**

［忽鲁谟斯国（在今伊朗东南部之霍尔木兹岛）］又出一种野兽，名叫“草上飞”，音译当地语言叫“昔雅锅失”。像大猫般大，浑身俨然如同一只玳瑁斑纹猫，两耳尖上的硬毛呈黑色，性格纯良不凶恶。狮子、豹子等猛兽如果见到它，都会趴伏于地，这才是兽中之王。

又出一等兽，名“草上飞”，番名“昔雅锅失”。如大猫大，浑身俨似玳瑁斑猫样，两耳尖黑，性纯不恶。若狮豹等项猛兽，见他即俯伏于地，乃兽中之王也。——［明］马欢《瀛涯胜览》

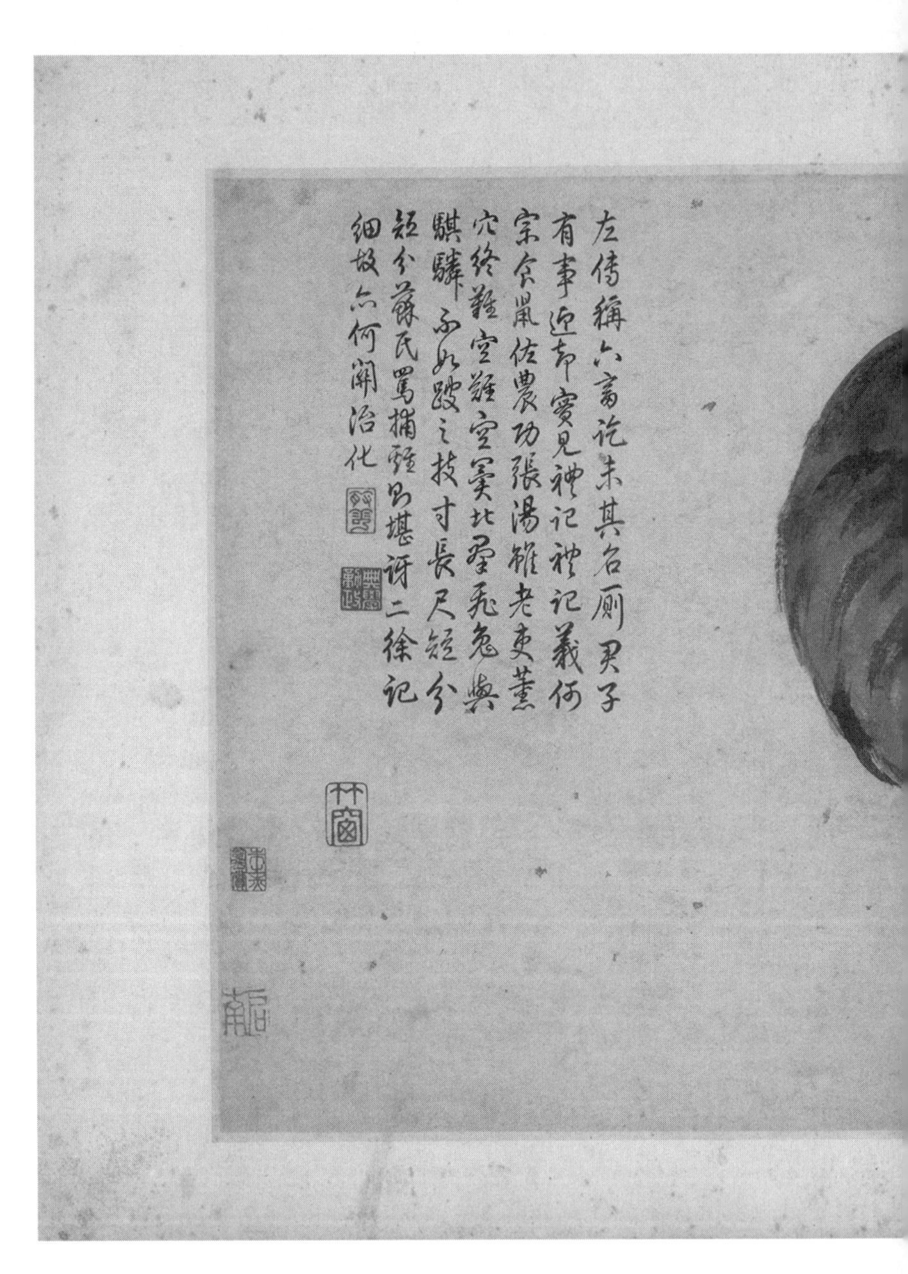

［明］沈周《写生图册·猫》

小贴士

此物即今所谓狞猫，古或用其译名“哈剌虎剌”。

◎猫猪

毛犀就是彖（tuàn），长得像犀牛，但角比较小，善于预知吉凶，古人称之为猫猪，交州和广州一带的人称之为猪神。

毛犀即彖也，状如犀而角小，善知吉凶，古人呼为猫猪，交广人谓之猪神是矣。——［明］李时珍《本草纲目·兽部》引杨慎《丹铅录》

小贴士

今所见《丹铅续录》卷二“卦爻名义”条有此文，但唯独没有“古人呼为猫猪”一句。黄汉引之入《猫苑》，其实是被李时珍误导了。总之，所谓的“猫猪”跟猫没有什么关系。

◎猫蛇

海南岛上有一种叫猫蛇的，会发出猫一般的声音，见《琼州志》。

崖州有一种猫蛇，其声如猫，见《琼州志》。——［清］黄汉《猫苑·种类》引黄香铁待诏云

小贴士

海南岛的各种地方志中确实有不少相关记载，但笔者问过相关专家和海南岛居民，终不详此为何物。蛇没有发声器官，猫蛇的声音可能是通过鳞片发出的。

◎仙蜂

梁惠王为美人闾娵（jū）制作了鸾凤帐，在帐内焚百花香，帐上鸾凤便能集体翩翩起舞。传说帐上的鸾凤是仙蜂血染成的，仙蜂出自休与山，长得像猫，喜欢花香，一旦闻到特别的香味，为之不惜千里也一定要吃到才回去。

梁惠王为闾娵制鸾凤帐，焚百花香于内，则鸾凤俱飞舞。古老云：鸾凤乃仙蜂血所染，仙蜂出休与山，其形如猫，爱花香，闻有异香，不远千里必食之而后返。——［元］龙辅《女红余志》

◎备考

上面说的都是实际不是猫但有猫的形态、声音、名号、外形的，它们对于猫而言，并非同类但相关，所以附录在这篇后面，用以提供特殊的考察。

以上皆非猫而有猫之形声名状者，其于猫，诚为非类而类也，故附兹篇末，以备异览。——［清］黄汉《猫苑·种类》

二 如何正确挑选猫咪

解题

何物无形体，何物无外观？形体与外观既已具备，优劣便可据以分判。况且猫的优劣与形体外观的关系尤为密切，所以本篇承《种类》之后。从本书中取材的朋友就可以以此类推了。特辑录《形相》一篇。

何物无形，何物无相？形相既具，优劣从分。况猫之优劣系于形相间者尤挚，故因言种类而继及之。取材者可从而类推焉。辑《形相》。——［清］黄汉《猫苑·形相》

相猫经

◎十二要

猫的外观，有十二个要点，都出自《相猫经》，现全都抄录在这里。

猫之相，有十二要，皆出《相猫经》，兹备录之。——［清］黄汉《猫苑·形相》

◎要一：头

猫的面部以圆为贵。《相猫经》说："猫脸较长的话，家里的鸡就会被吃绝种。"

头面贵圆。《经》云："面长鸡种绝。"——［清］黄汉《猫苑·形相》

◎要二：耳

猫的耳朵以小和薄为贵。《相猫经》说："猫耳朵比毛毡薄的话就不会怕冷。"又说："耳朵小，脑袋圆，尾巴尖尖，前胸的毛不打旋，这样的猫价值千钱。"

耳贵小贵薄。《经》云："耳薄毛毡不畏寒。"又云："耳小头圆尾又尖，胸膛无旋值千钱。"——［清］黄汉《猫苑·形相》

◎要三：眼

猫眼睛以金银两色为贵，忌讳眼睛里有黑色的痕迹，忌讳泪湿。《相猫经》说："金色的猫眼就像夜里明亮的灯火。"又说："猫眼经常带着泪的话会惹来灾祸。"又说："眼里有黑痕的猫会跟蛇一样懒散。"

眼贵金银色，忌黑痕入眼，忌泪湿。《经》云："金眼夜明灯。"又云："眼常带泪惹灾星。"又云："乌龙入眼懒如蛇。"——［清］黄汉《猫苑·形相》

◎要四：鼻

猫鼻子以平且直为贵，宜干燥，忌讳钩形和高挺。《相猫经》说："脸长鼻子弯的猫，家里的鸡鸭都会被害死。"又说："鼻梁高耸的猫，会断鸡的种。鼻子上横，其脸兆凶。猫头猫尾，歪歪斜斜，胡子没有，鸡鸭吃绝。"

鼻贵平直，宜干，忌钩及高耸。《经》云："面长鼻梁钩，鸡鸭一网收。"又云："鼻梁高耸断鸡种，一画横生面上凶。头尾攲（qī）[1]斜兼嘴秃（谓无须），食鸡食鸭卷如风。"——［清］黄汉《猫苑·形相》

◎要五：须

猫胡子以硬为贵，不宜有黑有白。《相猫经》说："胡子硬了威风如虎。"又说："猫儿黑白胡，屙屎满香炉。"

须贵硬，不宜黑白兼色。《经》云："须劲虎威多。"又云："猫儿黑白须，屙屎满神炉。"——［清］黄汉《猫苑·形相》

① 攲，歪。

◎要六：腰

猫腰以短为贵。《相猫经》说："腰长得长的猫会往外乱跑。"

腰贵短。《经》云："腰长会过家[①]。"——［清］黄汉《猫苑·形相》

◎要七：脚

猫以前腿短后腿长为贵。《相猫经》说："尾巴短小后脚高，金褐色的猫儿最是威武英豪。"

后脚贵高。《经》云："尾小后脚高，金褐最威豪。"——［清］黄汉《猫苑·形相》

◎要八：爪

猫爪经常藏着的为贵，油爪也为贵。《相猫经》说："猫儿露爪，上房揭瓦。"又说："爪上生油，光闪闪，滑溜溜。"

爪贵藏，又贵油爪[②]。《经》云："爪露能翻瓦。"又云："油爪滑生光。"——［清］黄汉《猫苑·形相》

◎要九：尾

猫尾以长、细、尖为贵，尾巴的关节以短为贵，另外尾巴经常摇摆的也为贵。《相猫经》说："尾巴长而且尾骨

---

① "过家"一词费解，本或作"走家"，细按文义，大概指串门。

② 原书引陶文伯（炳文）云："猫行地有爪痕者，名油爪，此为上品。"

节短的猫大多较伶俐。”又说：“尾巴大的猫会像蛇一样慵懒。”又说：“无论坐着还是站着都勤摆动尾巴的猫，即使是睡着了老鼠也不敢出来放肆。”

尾贵长细尖，尾节贵短，又贵常摆。《经》云：“尾长节短多伶俐。”又云：“尾大懒如蛇。”又云：“坐立尾常摆，虽睡鼠亦亡。”——［清］黄汉《猫苑·形相》

◎要十：声

猫叫声以像呼喊为贵。呼喊是威猛的表现。《相猫经》说：“眼带金光身要短，面要虎威声要喊。”

声贵喊。夫喊，猛之谓也。《经》云：“眼带金光身要短，面要虎威声要喊。”——［清］黄汉《猫苑·形相》

◎要十一：口

猫嘴以有沟坎为贵，有九个坎的最难得，七个坎的稍逊。《相猫经》说：“上腭生九坎的猫，可以四季捉老鼠。生有七坎的猫三季捕鼠，坎少的猫留不住。”这些内容又都见于明王兆云《挥麈（zhǔ）新谈》和明彭大翼《山堂肆考》。

猫口贵有坎，九坎为上，七坎次之。《经》云：“上腭生九坎，周年断鼠声。七坎捉三季，坎少养不成。”并见《挥麈新谈》及《山堂肆考》。——［清］黄汉《猫苑·形相》

［清］佚名《狸猫山》杨家埠年画

［清］任薰《猫蝶图折扇面》

[清] 蓝涛《杂画·猫蝶图》

◎要十二：睡

猫睡觉的时候要蜷曲成圆团，头尾要接在一起。《相猫经》说："身体屈曲精神强，自我保护有如枪。"

睡要蟠而圆，藏头而掉尾。《经》云："身屈神固，一枪自护。"——［清］黄汉《猫苑·形相》

◎五长

猫的外观除了有这十二个要点之外，还有所谓的五个长处，名叫"外观像蛇的猫"，也是好的，就是头、尾巴、身子、腿、耳朵没有一处不长。如果五处都是短的（也很好），名叫"五秃"，能维持三五户人家不受老鼠侵害。《相猫经》中有记载。

猫相具此十二要之外，又有所谓"五长"，名"蛇相猫"，亦良，盖头尾身足耳无一不长。若五者俱短，名"五秃"，能镇三五家。见《相猫经》。——［清］黄汉《猫苑·形相》汉按

小贴士

黄汉所引《相猫经》的内容（见于《形相》及《毛色》），反映了古人择猫的相关标准。其中有些内容是合理的，但整体而言恐怕还是迷信成分居多。黄汉补充的内容还有一些，今择其可观者四条及其他见后。

补 说

◎掉风

猫用尾巴摆动成风，给它截断了，就不能摆动了，威风的样子大加减损。现在浙东地区的人养猫时故意截短猫尾，使猫儿大大失去了本真。

猫以尾掉风，截而短之，则不能掉矣，威状大损。今越人养猫故截短其尾，殊失本真。——［清］黄汉《猫苑·形相》汉按

◎做声

俗话说：“好猫不出声。”不是说不发出声音，而是说一旦出声就异常威猛，甚至有让老鼠一听到就吓死过去的，这是吼声值得重视的地方。

谚云：“好猫不做声。”非谓无声，若一做声，则猛烈异常，甚有使鼠闻声惊堕者，此喊之足贵也。——［清］黄汉《猫苑·形相》汉按

◎镇三五家

王宝琛最初在广东平远县任辅佐官的时候，寓所中有很多老鼠。他便向一户人家要来一只猫，鼠患就全部祛除了。这只猫特别灵性温顺，又依恋旧主人，即使养在王少尹公寓中，也经常回到旧主人的家里。不久后王少尹搬到衙门，猫依然没有忘记原公寓和旧家，常常在这几处之间

穿梭往来。在它往来的三处住所，老鼠都不见了踪迹。所谓好猫能维持三五户人家不受老鼠侵害，真不是谣言。

王玥亭少尹（宝琛）初尉平远时，寓中多鼠。于民家索得一猫捕之，鼠患一靖。猫甚灵驯恋旧，虽养于公寓，时返故主。旋迁住衙署，仍不忘原寓及故主之家，常复遍历。盖三处往来，鼠耗皆绝。所谓佳猫之能镇三五家者，洵不诬已。——［清］黄汉《猫苑·形相》

◎ **粤湘验猫**

广东人验猫的办法是，提起它耳朵的时候它四只脚和尾巴也会随着马上缩上去的为优，否则就是庸常劣等。湖南湘潭人张以文说，把猫抛在墙上，四爪能够牢固地抓在墙上而不掉下来的，是上等的好猫。这又是一种验证方法。

粤人验猫法，惟提其耳而四脚与尾随即缩上者为优，否则庸劣。湘潭张博斋（以文）谓掷猫于墙壁，猫之四爪能坚握墙壁而不脱者，为最上品之猫。此又一验法也。——［清］黄汉《猫苑·形相》又按

前面的说法在宋代其实就已经出现，见《分门琐碎录·牧养·犬猫》："凡试猫，从顶提看，若尾起则为钝，若尾顺而收抵腹下则为骁捷。"后面张以文所说的就是典型的损招儿。

◎旋毛主凶

猫长有旋涡状的猫毛预示凶夭。所以说："胸毛打了旋，猫命将不长。左旋会犯狗，右旋被水伤。通身长着旋，凶夭多祸殃。"

猫有旋毛，主凶折。故云："胸有旋毛，猫命不长。左旋犯狗，右旋水伤。通身有旋，凶折多殃。"——［清］黄汉《猫苑·毛色》引《相猫经》

小贴士

《猫苑》中这种迷信内容还有很多，今多不取。但存此条，以考见古人认知之一斑。

◎肛毛

"肛门上有毛的猫，会随处大便"，这不是好猫。

"毛生屎窟，屙屎满屋"，非佳猫也。——［清］黄汉《猫苑·毛色》引《相猫经》

◎张七

广东嘉应州（治所在今梅州）人张七，精通相猫术。他曾经养着几只母猫，每每生了小猫，人们就争着来买，都不会心疼钱，因为知道他养的猫都是上好的品种。张七经常说，黑猫必须是青眼的，黄猫必须是红眼的，花白猫必须是白眼的，如果是眼底裂开犹如冰纹的，肯定特别威猛，大概那种猫神气能定住。又说，猫的颈骨很重要，达到三指宽的，捕鼠不知疲倦，而且长寿，这种猫眼睛泛青光，爪子有腥气，尤其好。

州民张七，精于相猫。尝蓄雌猫数头，每生小猫，人争买之，皆不惜钱，知其种佳也。恒言黑猫须青眼，黄猫须赤眼，花白猫须白眼，若眼底老裂有冰纹者，威严必重，盖其神定耳。又言，猫重颈骨，若宽至三指者，捕鼠不倦，而且长寿，其眼有青光，爪有腥气，尤为良兽。——［清］黄汉《猫苑·灵异》引嘉应黄薰仁孝廉（仲安）云

◎舌心笔纹

清代嘉应州有个姓梁的人，曾经得到一只猫，头比身子大，样子特别奇怪，眼睛放光，跟一般的猫很不一样。开始不知道这只猫的优劣，后来发现不但它擅长捕鼠，而且主人家也渐渐富裕了。所以这只猫得到了珍爱，不让别人得到。有个客人见了这只猫，用高价诱惑，才买了去。梁某因而问这只猫到底好在哪里，买家说："这只猫一旦进入家中，你家里必然事事如意。因为这只猫舌心有笔一样的花纹，这种花纹向外的话预示显贵，向内的话预示富足。现在我得到它，可以不用担心贫穷了。"打开猫嘴验看，果然如此。梁某为此后悔不已。

州人有梁某，尝得一猫，头大于身，状甚奇怪，眼有光芒，与凡猫迥异。初莫辨其优劣，厥后不惟善捕鼠，而主家亦渐小康。珍爱而勿与人。有过客见之，饵以重价，始售之。梁因问猫

之所以佳处，客曰："此猫自入门后，君家必事事如意，盖此猫舌心有笔纹故耳，其纹向外者主贵，向内者主富。今予得此，可无忧贫。"启口验之，果然。梁悔之不及。——［清］黄汉《猫苑·灵异》引嘉应钟子贞茂才云

迷信。

◎小雌

猫的性子各不相同，有的桀骜不驯，有的温柔妩媚，有的喜欢到处跑，有的不愿意出门。大概没有阉割的公猫和刚弄来的大猫都不好控制。所以养猫一定要在猫小的时候开始，或者一定要母猫。妙果寺的悟一和尚，曾经管喵喵依恋莲座而不肯离开的猫叫"兜率[1]猫"，又叫"归佛猫"。

猫性不等，有雄桀不驯者，有和柔善媚者，有散逸喜走者，有依守不离者。大抵雄猫未阉，及大猫初至，难于笼络。故蓄猫必以小，必以雌也。妙果寺僧悟一，尝谓猫之喃喃依恋不离莲座者为"兜率猫"，又为"归佛猫"。——［清］黄汉《猫苑·灵异》汉记

◎焦脚虎

清道光五年（1825），湖南浏阳马家冲一户贫困人的家

① 兜率，佛教传说中弥勒菩萨所在的天界，可以简单理解为净土、天堂。

〔清〕任颐《猫戏图》

［清］佚名《神猫图》年画

里，一只母猫产下四只幼崽，其中一只小猫的一只脚像烧焦了一样。一个月之内，四只小猫死了三只，唯独焦足的那只活了下来。只是这只猫外形和花色都属劣等，也不捕鼠，却经常爬上房子抓捕麻雀，时不时又在水池边缩着脖子，跟青蛙和蝴蝶玩耍嬉戏。主人嫌弃它又傻又懒。这天带着它来到县城，正遇见某当铺老板，老板惊讶地说："这是只焦脚虎啊！"试着把它举上屋檐，只见它三只脚都伸着，只有那只焦脚抓定了屋檐，长时间不动；扔在墙上，也是这样。老板花了二十吊钱把这只猫买了下来，猫主人特别高兴。之前当铺里有不少猫，但老鼠也不少。从此之后原有的猫都用不着了，只凭这一只焦脚虎就保得这里十多年没有老鼠。人们佩服当铺老板相猫的眼力，好像是超越于性别、毛色这些表象之上。（黄汉夸赞"焦脚虎"这个名字非常新奇。）

道光乙酉，浏阳马家冲一贫家，猫产四子，一焦其足。弥月丧其三，而焦足者独存。形色俱劣，亦不捕鼠，常登屋捕瓦雀咬之，时或缩颈池边，与蛙蝶相戏弄。主家嫌其痴懒。一日携至县，适典库某见之，駴（hài）曰："此焦脚虎也！"试升之屋檐，三足俱申，惟焦足抓定，久不动旋；掷诸墙间，亦如之。市以钱二十缗（mín），其人喜甚。先是典库固多猫，亦多鼠，自此群猫皆废，十余年不闻鼠声。人服其相猫，似得诸牝牡骊黄外矣。（汉按："焦脚虎"三字，新而且奇。）——［清］黄汉《猫苑·灵异》

他法

明人邝璠《便民图纂》卷十四中有所谓“相猫法”三段，陈继儒《致富奇书》“养猫犬”条中也有“相猫之法”（两者内容几乎完全相同），都是比较早的，后来的“相猫经”与之相通。“相猫经”在民间有很多版本，除黄汉所引之外，最有名的是清人沈清瑞的版本（见其《群峰集·外集》）。诸家说法偶有差异，大体相合。今抄录《便民图纂》与《群峰集》之文，注而不译（因为与黄汉所引多重复），以供读者参考。

◎《便民图纂》“相猫法”三段

猫儿身短最为良，眼用金银尾用长。面似虎威声要喊，老鼠闻之自避藏。

露爪能翻瓦，腰长会走家。面长鸡绝种，尾大懒如蛇。

又法：口中三坎者捉一季，五坎者捉二季，七坎者捉三季，九坎者捉四季。花朝口，咬头牲[①]。耳薄，不畏寒。毛色纯白、纯黑、纯黄者，不须拣。若看花猫身上有花，又要四足及尾花缠得过[②]方好。

---

① 头牲，鸡一类的家禽、家畜。

② 《猫苑》引《致富奇书》：“身上有花，四足及尾上又俱花，谓之‘缠得过’，亦佳。”

◎沈清瑞《相猫经并序》

古者浮丘公有《相鹤经》，宁戚有《相牛经》，孙阳、陈君夫相马[①]，朱仲相贝[②]，并摹象遣辞，肖形诂义，奥闻不堕，瑰异可稽，淹雅之长，于是乎在。猫，毛族之纤兽[③]也，其为物，咏于《诗》[④]，载于《戴记》[⑤]，详于《埤雅》诸书，而别传有相猫法数语。予以为未尽，爰证以旧籍，错以鄙谚，复间取臆说参之，作《相猫经》一篇，匪以侈博，备说云尔。

猫，鼠将也。面圆者虎威，面长者鸡绝种。口九坎者能四季捕鼠，鸟喙者亚之，俗曰食鼠痕。体短则警，修者弗奋也。声阚则猛，雌者弗跷也[⑥]。目金光者不睡，绝有力；善闭者性驯。尾修者懒，短者劲[⑦]。委而下垂者贪，独不嗜鼠。耳薄者畏寒[⑧]，尖而耸者健跃，是绝鼠。戟鬣善动，靡鬣善鸣[⑨]。善搏者锯齿。脚长者能疾走，脚短者跳呶，前短后长者鸷。露爪者覆缶翻瓦。距铁[⑩]而毛斑者狸，是曰鼠虎。

---

① 孙阳就是传说中的伯乐。陈君夫相马之名，见《史记·日者列传》褚少孙补。

② 汉代人朱仲有《相贝经》。

③ 纤兽，小动物。

④ 《诗经·大雅·韩奕》："有猫有虎，有熊有罴。"

⑤ 《礼记·郊特牲》："迎猫，为其食田鼠也。"

⑥ 这一句是说猫儿叫声大的很威猛，能令不善吼叫的猫儿站立不得。

⑦ 此说与黄汉所引"尾长节短多伶俐"及"尾大懒如蛇"相矛盾。（郑安祺为点出。）

⑧ 此说与黄汉所引"耳薄毛毡不畏寒"相矛盾。（郑安祺为点出。）

⑨ 这里的鬣应该是指胡须。胡须如剑戟的猫儿善动，胡须趴伏的猫儿好叫。

⑩ 距铁，应该是指爪如钢铁。

三 哪些『美猫』最动人

解题

猫有皮毛和色彩，犹如人有容颜。愉悦润泽的高翘上举，憔悴的萎靡不振，这是有定理的。然而美丑和贵贱就此分判，好坏也就此显现。有了形相，就有了毛色，两者本来就是互为表里。因此特辑录《毛色》一篇。

猫之有毛色，犹人之有荣华。悦泽者翘举，憔悴者委靡，此固定理。然而美恶岐而贵贱判，否泰亦于是乎寓焉。夫有形相，斯有毛色，二者固相为表里也。辑《毛色》。——［清］黄汉《猫苑·毛色》

◎等差

猫的毛色，纯黄的最好，纯白的为次，纯黑的又等而下之。纯狸花的猫也有好的，都因为毛色纯一而珍贵。杂色的猫，“乌云盖雪”最好，“玳瑁斑”为次。如果狸花猫又杂有别的颜色，这就等而下之了。

猫之毛色，以纯黄为上，纯白次之，纯黑又次之。其纯狸色，亦有佳者，皆贵乎色之纯也。驳色，以“乌云盖雪”为上，“玳瑁斑”次之。若狸而驳，斯为下矣。——［清］黄汉《猫苑·毛色》引《相猫经》[①]

◎狸色

元代称呼猫狗身上那种有规律的杂色（今或称之为鱼骨纹、人字纹），都叫狸色。

今呼猫犬之类毛色之杂者，皆谓之黧（lí）。——［元］李治《敬斋古今黈》

小贴士

以“狸”为花色是非常古老的。比如黄鹂、狸豆皆与此有关，又如《论语》以“犁牛”指杂色牛。

① 此为意引，下文同。

◎黄黑

纯黄色的叫金丝，适合母猫；纯黑色的叫铁色，适合公猫。然而黄色的多是公的，黑色的多是母的。所以广东人说："母猫难有金丝毛，公猫少见铁黑色。"

纯黄为金丝，宜母猫；纯黑为铁色，宜公猫。然黄者多牡，黑者多牝。故粤人云："金丝难得母，铁色难得公。"——［清］黄汉《猫苑·毛色》

◎四时好

所有纯一颜色的，无论黄色、白色、黑色，都叫"四时好"。

凡纯色，无论黄、白、黑，皆名四时好。——［清］黄汉《猫苑·毛色》引《相猫经》

◎孝猫

清代，黄東之在广东揭阳当县令的时候，在外国商船上买了一只猫，全身洁白如雪，毛有一寸多长，广东人称之为"孝猫"，还说养这种猫不吉利。后来黄東之升任同知和知府的时候，这只猫都在他身边，也没有发生所谓的不吉利的事。

家伯山（東之）宰揭阳日，于番舶购得一猫，洁白如雪，毛长寸许，粤人称为孝猫，蓄之不祥。后伯山升同知及知府，此猫俱在，无所谓不祥也。——［清］黄汉《猫苑·毛色》引姚百徵云

黄汉说:“孝猫二字甚新。纯白猫，瓯人呼为雪猫。”(瓯就是黄汉的老家浙江温州。)黄汉难得不迷信一回，大概这就是美貌的力量吧。

◎金丝褐色

褐色带金丝的尤其好。所以《相猫经》上说褐色带金丝的猫最是威武英豪。

金丝褐色者尤佳。故云:“金丝褐色最威豪。”①——［清］黄汉《猫苑·毛色》引《相猫经》

◎三色

有一种三色的猫，身兼黄白黑，又叫“玳瑁斑”。

一种三色猫，盖兼黄白黑，又名“玳瑁斑”。——［清］黄汉《猫苑·毛色》引《相猫经》

◎玳瑁无雄

有人说纯黑色的猫没有母猫，玳瑁猫没有公猫，否则就是违背常理。

或云纯黑者无雌，玳瑁者无雄，反是者为异乎常也。——［清］孙荪意《衔蝉小录·纪原》

① 黄汉又说:“褐，黄黑相兼之色。褐而带金丝者，名‘金丝褐’，诚所罕见。”

［清］张玉堂《猫蝶图》

小贴士

由于基因问题，玳瑁猫大多是母猫，即使出现玳瑁公猫，也没有生殖能力。“纯黑者无雌”则非事实。

◎乌云盖雪

所谓“乌云盖雪”，一定是身子和后背为黑色，但肚子、腿、脚、爪子都是白色的，才称得上。如果只有四只脚是白色，那叫“踏雪寻梅”，纯黄而白爪的也一样。

“乌云盖雪”，必身背黑，而肚腿蹄爪皆白者，方是。若仅止四蹄白者，名“踏雪寻梅”，其纯黄白爪者同。——［清］黄汉《猫苑·毛色》引《相猫经》

◎雪里拖枪

身体纯白而只有尾巴是黑色的，叫“雪里拖枪”，这种猫最为吉祥。所以说：“黑尾巴猫全身白，人家养了出豪杰。”通身黑毛，只有尾巴尖上有一点白毛的，叫作“垂珠”。

纯白而尾独黑者，名“雪里拖枪”，最吉。故云：“黑尾之猫通身白，人家畜之产豪杰。”通身黑，而尾尖一点白者，名“垂珠”。——［清］黄汉《猫苑·毛色》引《相猫经》

◎挂印拖枪

身体纯白而只有尾巴纯黑，额头上有一团黑毛的，这叫“挂印拖枪”，又叫“印星猫”，家里得到它就预示着富贵。所以说:“额头的白毛蔓延过腰至尾，正当中的一点黑色是圆星。”

纯白而尾独纯黑，额上一团黑色，此名“挂印拖枪”，又名“印星猫”，人家得此主贵。故云:“白额过腰通到尾，正中一点是圆星。”——［清］黄汉《猫苑·毛色》引《相猫经》

古画中“挂印拖枪”是比较常见的，反映了古人的审美取向。

◎ **负印拖枪**

我（陶炳文）家养了一只白猫，只有尾巴是黑色的，背上有一团黑毛，额头上没有，主人给它取名“负印拖枪”。这只猫体型肥大，有七八斤重，灵性而温顺。每当把它拴在桌案旁，偶尔会放肆，或叫或跳，用竹子末梢轻轻鞭打它，它马上就知道躲开，或者俯首帖耳；平常不拴着的时候，即使用棍子吓唬它，它也不怕。

余家畜一白猫，其尾独黑，背上有一团黑色，额上则无，是可称“负印拖枪”也。肥大，重可七八斤，性灵而驯。每缚置案侧，偶肆叫跳，以竹梢鞭之，亟知趋避，或俯首帖伏；其常时，虽以杖惧之，略无怯色。”——［清］黄汉《猫苑·毛色》引陶文伯云

◎银枪插铁瓶

通体乌黑而白尾的猫也少，名叫“银枪插铁瓶”。

纯乌白尾者亦稀，名“银枪插铁瓶”。——［清］黄汉《猫苑·毛色》引《相猫经》

◎绣虎等

全身白毛但有黄点的，叫作“绣虎”；全身黑毛但有白点的，叫作“梅花豹”，又叫“金钱梅花”；黄身白腹的，叫作“金被银床”；至于全身白毛只有尾巴黄毛的，叫作“金簪插银瓶”。

通身白而有黄点者，名“绣虎”；身黑而有白点者，名“梅花豹”，又名“金钱梅花”；黄身白肚者，名“金被银床”；若通身白而尾独黄者，名“金簪插银瓶”。——［清］黄汉《猫苑·毛色》引《相猫经》

◎金索挂银瓶

清代，广东阳江县太平墟的旅社中，有一只纯白色的猫，只有尾巴是黄色的，俗称“金索挂银瓶”。重达十多斤，捕鼠能力特强。人家说自从有了这只猫，家业就日渐昌盛了。

阳江县太平墟客寓，有一纯白猫，而尾独黄，俗呼“金索挂银瓶”。重十余斤，捕鼠甚良。谓得此猫，家业日盛。——［清］黄汉《猫苑·毛色》引诸绢山曰

［清］朱耷《芭蕉猫石图》

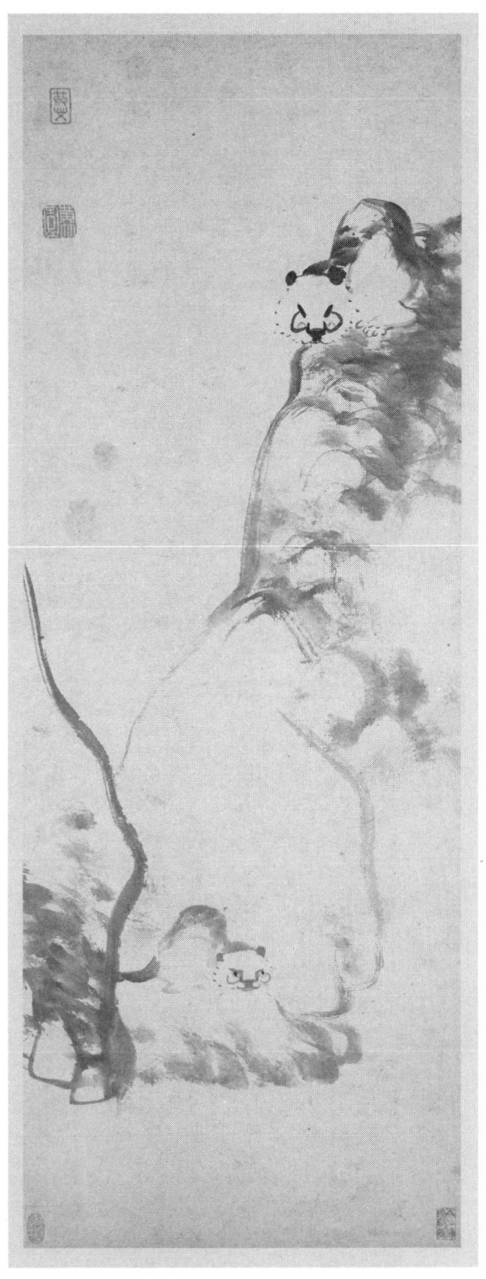

［清］朱耷《猫石图》

［北宋］苏汉臣《冬日婴戏图》

◎将军挂印

全身或黑或白，背上长着一团黄毛的，名叫“将军挂印”。

通身或黑或白，背上一点黄毛，名“将军挂印”。——［清］黄汉《猫苑·毛色》引《相猫经》

◎缠得过

身上有花，四肢和尾巴上也都有花的，叫作“缠得过”，也是代表吉祥的猫。

身上有花，四足及尾俱花，谓之“缠得过”，亦吉。——［明］陈继儒《致富奇书》

◎虎纹

带虎纹的纯色猫，一般只有黄色的和狸花的，紫色的十分稀有。紫色而带虎纹的猫尤为高贵之种。

纯色猫带虎纹者，惟黄及狸，若紫色者绝少，紫色而带虎纹，更为贵品。——［清］黄汉《猫苑·毛色》引《相畜余编》

◎纯紫色

清朝，潮州知府吴均曾经养过一只猫，纯紫色，光彩夺目，身体又长又胖，重达十多斤，自然是上好的品种。

吴云帆太守尝畜一猫，纯紫色，光彩夺目，长而肥大，重可十余斤，自是佳种。——［清］黄汉《猫苑·毛色》引张冶园（锜）述

◎变色

毛色都是生下来就固定的，没有一年之内两次变色的。黄汉的朋友诸熙说：广东阳江县深坭村一个姓孙的盐工，有一只纯白色的猫，冬至以后逐渐长出黑毛，到了夏至就变成纯黑色了。过了冬至又变得黑白相间，第二年夏至仍是纯白色。这种年年变换颜色的猫，可称得上是祥瑞之物。可见造化之神奇，没有什么是不可能的。

夫毛色有生辄定，未有一岁之间两变其色者。余友诸缉山谓：阳江县深坭村孙姓盐丁，有纯白猫，冬至后渐长黑毛，交夏至则纯黑矣。过冬至复又黑白相间，次年夏至仍为纯白，是年年换色者也，可称瑞物。盖见造化赋物之奇，无乎不可。——［清］黄汉《猫苑·毛色》

◎五色

清代某日，余士瑛将船停靠在扬州，在集市上见一个杂耍演员，用一块布围着场子，敲锣打鼓，招揽客人。场子东面有猴子以狗当马骑，表演各种杂剧。场子西面有只猫，正襟危坐，接受群鼠的朝拜。动物们一行一动，都合乎一定节奏。猫则身俱五色，青赤白黑黄，交错成文，远望过去如同云锦般灿烂。打听他们的来处，得知来自越南。这不只是罕见，实在连听说都很少。有人说这是假的。难道也是南宋临安城孙三给猫染色的旧日伎俩？

余昔舟泊扬州，见一技者于通衢之市，周以布障，鸣锣伐鼓，招致观者。场东有猴驱狗为马，演诸杂剧；场西有猫，高坐端拱，受群鼠朝拜。奔走趋跄，悉皆中节。猫则五色俱备，青赤

〔朝鲜〕佚名《太平城市图》（局部）

白黑黄，交错成文，望之灿若云锦。问所由来，云自安南。匪特罕见，实亦罕闻。或曰，此赝鼎也。殆亦临安孙三染马缨之故智欤？——［清］黄汉《猫苑·毛色》引寿州余蓝卿（士瑛）云

四　古人养猫的传统习俗

用聘

古人求取猫儿，一定要用类似娶妻的程序办理。

古人乞猫，必用聘。——［清］黄汉《猫苑·名物》引《丁兰石尺牍》[1]

小贴士

“聘猫”又称“纳猫”，化用“纳妾”一词。又说成“迎猫”，活用《礼记》成说。说“买猫”的情况虽然也有，但确实比较少见。

择吉

◎卜日

比如说，老百姓拿礼物去邻居家换取猫儿，还要挑选一个黄道吉日，（如此郑重其事，）为的是希望猫能够捕鼠。可还没能止住鼠患呢，先把鸟笼中的鹦鹉弄来吃掉了，人能饶了猫吗？

譬之人家，市猫于邻，卜日而致之，将以咋鼠也。鼠暴未及问，而首抉雕笼，以噬鹦鹉，其情可恕乎？——［南宋］岳珂《桯史》

---

① 此书不详，丁兰石当与《猫苑》作者黄汉同为浙江温州人，年代亦相距不远。

古代的猫儿责任比较大，所以得到了古人特别的珍视，聘猫择吉日便是一个表征。

◎**吉日**

古人的黄历中，会标记纳猫（聘猫）的吉日，在所谓的“龙虎日”“天德月”等都是适宜的，但会忌讳“飞廉日”。纳猫吉日还包括甲子日、乙丑日、戊寅日等。（这些都是古人的迷信，然而从中我们可以看出古人对纳猫的重视。）

通书：凡纳猫，宜用龙虎日，又宜天德月、德生气日、定成开日，忌飞廉日。天贼，月害、月杀、月刑。大小耗，建、破、平、收日。鹤神方大杀。[1]凡纳猫吉日：

甲子　乙丑　戊寅
丙午　丙辰　辛卯
壬午　庚子　戊戌
壬子　庚午　己亥

——［清］孙荪意《衔蝉小录·征验》

五月二十为分龙日，方分其子。——［清］孙荪意《衔蝉小录·纪原》

① 此中数术家语，如天贼、大耗、小耗、鹤神等，读者不必深究，总之就是一套骗人的内容罢了。不译。

聘 礼

◎穿鱼

（古人聘猫，有时用鱼。黄庭坚就在诗中提到过。）听说母猫生产了，于是买了小鱼并用柳条穿好，拿去聘取小猫。

闻道狸奴将数子[①]，买鱼穿柳聘衔蝉。——［北宋］黄庭坚《乞猫》

◎裹盐[②]

陆游的诗中就有用裹起来的盐作聘礼迎猫的说法，然而并不是最早的。后世聘猫，最常见的也是用盐。盐谐音缘，表示迎猫者希望和小猫喜结良缘。盐味咸（闲），聘猫以盐配毛笔（竹管所制），取其捕鼠“管闲事”之义。

裹盐迎得小狸奴，尽护山房万卷书。——［南宋］陆游《赠猫》

张孟仙刺史云：“吴音读盐为缘，故婚嫁以盐与头发为赠，言‘有缘法’。俗例相沿，虽士大夫亦复因之。今聘猫用盐，盖亦取‘有缘’之意。”此说近理，录以存证。——［清］黄汉《猫苑·名物》

邻人来聘猫者，必赍（jī）[③]盐笔以相易，取其辟鼠管闲事之

① 将数子，将要数一数生了几个幼崽，是母猫生产的曲折表达。

② 此条为便阐释，不直译。下条同。

③ 赍，把东西送给别人。

义也。——［清］孙荪意《衔蝉小录·纪原》

◎茶糖

古人聘猫之礼物，除了常用的盐之外，还有很多。比如在陆游的老师曾几的诗中提到，与盐同时出现的还有茶叶，同时还提到包裹盐茶之物是青竹叶。清代广东镇平（今广东蕉岭）人黄钊聘猫，用的正是两包茶叶。而当时广东潮州一带人聘猫，要用一包糖。（看来广东人以糖代盐的习俗由来已久。）绍兴人用苎麻，有“苎麻换猫”的谚语[1]。温州人黄汉聘猫，用的是黄芝麻、大枣、豆芽等物。温州人聘猫还有用盐和醋的，其实没有什么具体的道理可讲，不过是百姓日用之物罢了。

青箬[2]裹盐仍裹茗，烦君为致小於菟。——［宋］曾几《乞猫二首》（其一）

潮人聘猫，以糖一包。余从冯默斋教授乞猫，以茶二包为聘。（绍兴人聘猫用苎麻，故今有“苎麻换猫”之谚。）——［清］黄汉《猫苑·名物》引黄香铁待诏云

余向陶翁蓉轩家聘猫，盖用黄芝麻、大枣、豆芽诸物。（汉自记。）——［清］黄汉《猫苑·名物》

瓯俗聘猫，则用盐醋，不知何所取义。——［清］黄汉《猫苑·名物》引《丁兰石尺牍》

---

① 这句谚语应该不是目前我们看到的这样简单，疑其后面当还有一句话，类似于“猫咬尿泡——空欢喜”这样，可惜今已不得其详。

② 青箬，青竹叶。

纳猫法

◎常法

（一本明末日用通俗类书中说）买猫时要用麦斗或者水桶等物，还要用一个布袋子盛放，不能让别人看到小猫。（实际就相当于用有篷子的花轿抬新娘）到了母猫主人家，讨要一根筷子，和小猫一起放进桶内。回家路上如果遇到水沟、坑洼，需要在里面放一些小石头，这样小猫将来便不会回到母猫家。纳猫者回家需要走吉利的方向。回到家后，带着猫礼拜堂屋、灶君和狗（相当于新人拜天地）之后，把之前那根筷子插到土堆上，这样小猫就不会在家中随意大小便了。然后就可以让猫睡在床上（入洞房）了。不要让猫随便出屋为好。

凡买猫，用斗桶等物，以袋盛之，勿令人见。至家讨箸一根，和猫置于桶内盛云。每过水沟缺处，将石置之，使不过家。从吉方归。取猫出拜堂、灶犬毕，将箸横插于土堆上，使不在家撒屎，然后复床睡。勿令走出为法也。——［明］俞宗本《纳猫经》（见明末读书坊藏版《居家必备》卷三，又见清李泰来《崇正辟谬通书》，《猫苑·名物》引，文字大同小异）

以上内容的出处本名为《纳猫经》，但清代人转写时改成《纳猫法》。这些礼法终归是聘猫巫术，带有迷信成分，亦相当于婚礼。

◎以草代箸

清代温州人领养猫时，会把筷子换成草，量出跟猫尾巴同样的长度，然后插到粪堆上，祷告，不让它在家里大小便。剩下的内容跟《崇正辟谬通书》大体相同。

瓯人纳猫，用草代箸，量猫尾同其长短，插草于粪堆上，祝之，勿在家撒屎。余与《通书》大略相同。——［清］黄汉《猫苑·名物》汉按

◎纳猫契[①]

除了上面的纳猫法（婚礼），古人还有纳猫契（婚书）。其大体内容是说：

这只猫儿挺厉害，是从西天我佛那里，由三藏取经时带回来的，在民间有看守经卷的大功劳。买主是谁，卖主是谁，都写清楚。聘金多少也交代好了。希望买主能发大财，能长生不老。家里的粮仓自此之后有猫儿不停巡守保卫，见了老鼠它就抓。猫儿不会危害家里其他家禽家畜，也不会偷吃东西。日日夜夜看家，不往外跑。如果它私自外出，就把它拖到堂屋前打屁屁。年、月、日，当事人签字画押。

今可见各“纳猫契”后常有“式”字，“式”是“样式”的意思。纳猫契版本众多，各版文字各有短长，最早见于元代的《三订历法玉堂通书捷览》，今据众书整理如下。

一只猫儿是黑斑，本在西天诸佛前。三藏带归家长养，

---

① 此条据下图而来，不出原文。

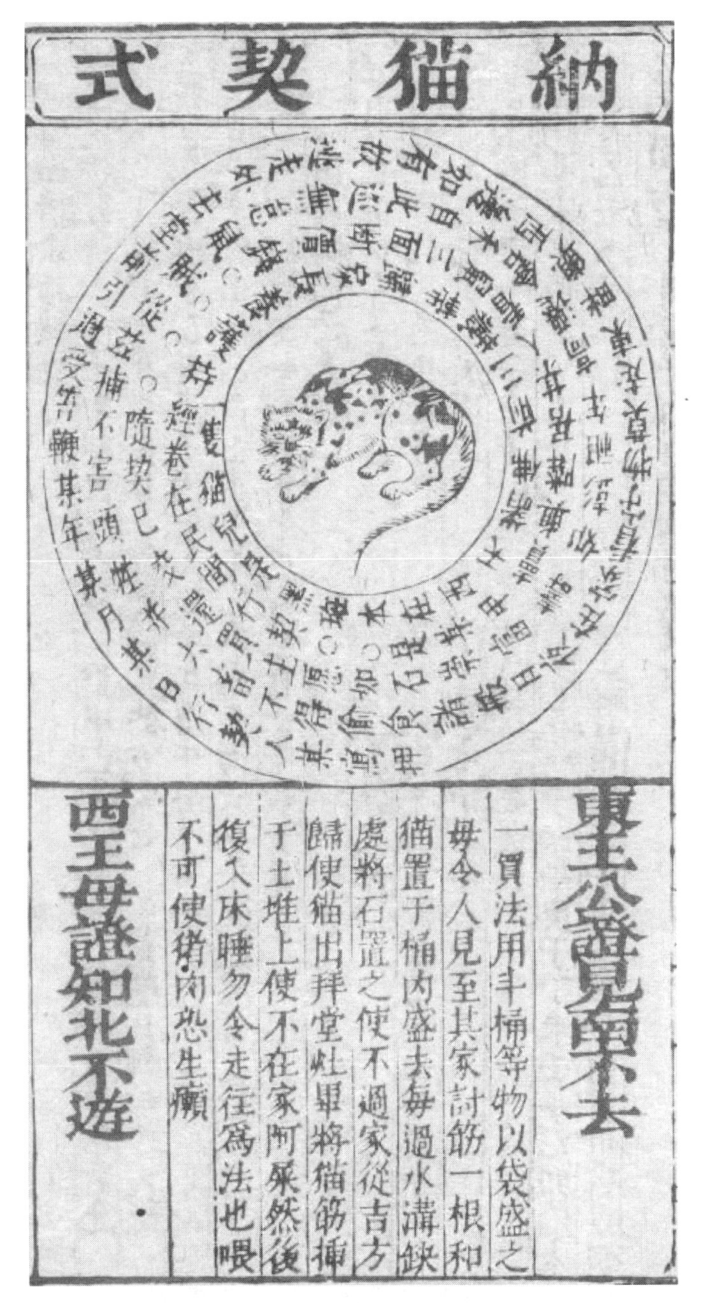

納猫契式

東王公證見南不去

一買法用斗桶等物以袋盛之
毋令人見至其家討筋一根和
猫置于桶内盛夫每過水溝缺
處將石置之使不過家從吉方
歸使猫出拜堂灶畢將猫筋插
于土堆上使不在家阿屎然後
復入床睡勿令走往爲法也喂
不可使猪肉恐生癩

西王母證知北不游

［明］崇祯十六年余应灏三台馆刻本《三订历法玉堂通书捷览》之“纳猫契式”

护持经卷在民间。行契其人是某甲，卖与邻居某人看鼠。三面断价钱若干，随契已交还。买主愿如石崇富，寿比彭祖年高迁。仓米自此巡无怠，鼠贼从兹捕不闲。不害头牲并六畜，不得偷盗食诸般。日夜在家看守物，莫走东畔与西边。如有故违走外去，堂前引过受笞鞭。某年某月某日，行契人某写押。

求子、产子

◎竹帚扫背

民间传说，如果母猫遇不到公猫，人可以用扫帚在猫背上扫几次，这样它就会怀孕；或者用麦斗把猫盖在炉灶之前，再用扫帚头在麦斗上打几下，对着灶神祝祷两句，这样猫也会怀孕。这事和拿着鸡蛋去灶神前祝告而孵出小鸡一样，都是用常理不可推解的。

俗传牝猫无牡，但以竹帚扫背数次则孕。或用斗覆猫于灶前，以刷帚头击斗，祝灶神而求之亦孕。此与以鸡子祝灶而抱雏者相同，俱理之不可推者也。——［明］李时珍《本草纲目·兽部》

◎牛曲

母猫找不到公猫的话，可以到堆积发酵的牛粪处求子。左锐说："年头不好时母猫找不到公猫，人可以把猫放在麦斗中，然后在炉灶前面的牛粪堆旁打麦斗三下，猫就会怀孕。"以前有人还不信这个说法，如今还是信了。

雌无雄则求种于牛曲（qū）。左藏一曰："荒年雌猫求雄不得，则以斗盛猫，祷于灶前牛粪堆，扑三下则胎。"往不信，今果然。——［明］方以智《物理小识》

◎**孕期**

猫的孕期是两个月，一胎有几个幼崽，经常出现母猫吃掉小猫的情况。

猫的孕期，有长达三个月的，叫作奇（jī）窝；有四个月生产的，叫作偶窝。能养十二年的是上寿，八年的是中寿，四年的是下寿，一两年的属于夭折。浙中一带认为单胎的最可贵，双胎的就不值钱了，一胎产下四只的叫"抬轿猫"，低贱而无用。如果四只小猫中死掉一两只，其他存活的也算好，名叫"返贵"。

其孕也两月而生，一乳数子，恒有自食之者。——［明］李时珍《本草纲目·兽部》

猫成胎，有三月而产，名奇窝；四月而产，名偶窝。养至一纪为上寿，八年为中寿，四年为下寿，一二年者为夭。浙中以单胎者为贵，双胎者贱，一胎四子名抬轿猫，贱而无用。若四子毙其一二，则所存者亦佳，名为返贵。——［清］黄汉《猫苑·灵异》引《雨窗杂录》

◎**以少为贵**

猫所怀胎儿以少为贵，所以有一龙二虎的说法。又：猫以腊月生的为好，初夏生的叫"早蚕猫"，也不错，秋天生的差一点；正夏生的不太好，因为不耐寒，冬天一定会靠近火，名叫“煨灶猫”。

猫胎以少为贵，故有一龙二虎之说。又云：猫以腊产为佳，初夏者名早蚕猫，亦善，秋季次之；夏为劣，以其不耐寒，冬必向火，名煨灶猫。——［清］黄汉《猫苑·灵异》引华润庭（滋德）云

民俗

◎汁汁

民间认为舌音“祝祝”可以把狗叫来，唇音“汁汁”可以把猫叫来，叫鸡用“朱朱”，叫猪用“卢卢”，一切都是天地间自然而然的感应。……在我（白斑）看来，“朱朱”“卢卢”分别是模仿鸡、猪自己的声音；“祝祝”声像是兔子和野鸡的叫声，“汁汁”声像是老鼠叫，都是狗和猫想要捕猎而食的动物之声。

故俗以舌音“祝祝”可以致犬，唇音“汁汁”可以致猫，鸡“朱朱”，豕“卢卢”，一切以为天地间自然之应。……以余观之，“朱朱”“卢卢”皆像其声，“祝祝”声类兔雉，“汁汁”声类鼠，皆像其所欲攫而食者。——［元］白珽《湛渊静语》

◎凤仙花染

把红色凤仙花的叶子捣碎，加入少许明矾在里面，事先洗干净手指甲，然后把这些花汁涂到指甲上，再用布帛

片缠住一夜。第一次染过之后颜色还比较淡，连续用上面的方法染三五次，颜色就像胭脂一样红了，洗也洗不掉，可以维持十天，直到长出新指甲，颜色才渐渐消褪。有人说这就是点守宫砂的法子，其实不对。（宋末元初七八十岁的妇女也染指甲。）当时回族妇女流行这些，有的把染指甲和猫狗当作游戏。

凤仙花，红者用叶捣碎，入明矾少许在内，先洗净指甲，然后以此付甲上，用片帛缠定过夜。初染色淡，连染三五次，其色若胭脂，洗涤不去，可经旬，直至退甲，方渐去之。或云此亦守宫之法，非也。（今老妇人七八旬者亦染甲。）今回回妇人多喜此，或以染手并猫狗为戏。——［南宋］周密《癸辛杂识·续集上》

◎谜谜

南京人喊马、骡、驴时说“咄咄（duō）”，喊狗时说“啊啊”，喊猪时说“噜噜[①]”，喊羊时说“咩咩（miē）”，喊猫时说“谜谜”（今作“咪咪”，音同），喊鹅、鸭时说“咿咿（yī）”，喊鸡时说“喌喌（zhōu）”，喊鸽子时说“嘟嘟”。

留都呼马、蠃[②]、驴曰“咄咄”，呼犬曰“啊啊”，呼豕曰“噜噜”，呼羊曰“咩咩”，呼猫曰“谜谜”，呼鹅、鸭曰“咿咿”，呼鸡曰“喌喌”，呼鸽曰“嘟嘟”。——［明］顾起元《客座赘语·鸟兽呼音》

---

① 字不详，或音lū。

② 或为骡。

◎不过江

北方人传说猫不能过长江，说的是猫过了南京大金山就不再捕鼠了。有一种压胜法可以应对这种情况，就是到了金山用纸剪一只猫扔到水里，这样就没事了。

北人云猫不过扬子江，言猫过金山则不复捕鼠。厌者至金山，剪一纸猫投水，则不忌。——［清］褚人获《坚瓠集》

《渊鉴类函》卷四百三十六："昔韩克赞尝于汝宁（治所在今河南汝阳）带回一猫，过江果不捕鼠。"看来这个"过江"是指从北到南。

◎忌海水

广东省南澳岛（县）地形如虎，出产的猫勇猛敏捷，只是忌讳见到海水，据说能够改变性情。携带那里的猫渡海来内地的，必须把猫藏在封闭的船舱里，才能避免这个问题。

南澳地如虎形，产猫猛捷，惟忌见海水，谓能变性。携带内渡者，必藏闭船舱，方免此患。——［清］黄汉《猫苑·种类》引海阳陆章民（盛文）云

◎挂树

猫死后，人们不把它埋在土里，而是挂在树上。

猫死，不埋于土，挂于树上。——［明］彭大翼《山堂肆考》引《埤雅》

◎成精怪

（清代温州民间传说）家猫如果被人遗弃，就会变成野猫；野猫不死，时间一长就能变成妖怪。

家猫失养，则成野猫；野猫不死，久而能成精怪。——［清］黄汉《猫苑·灵异》引先大父[1]醇庵公述

◎拜月

猫能够拜月成精，所以民间传说猫喜欢月亮。鄞（yín）县（今浙江宁波）人养猫，只要见到猫望月而拜就会把它杀掉，怕的是它成精害人。猫妖害人跟狐狸精一样，大概就是公猫能变成美男，母猫能变成美女。

猫能拜月成妖，故俗云猫喜月。但鄞人养猫，一见拜月即杀之，恐其成妖魔人。其魔人无殊狐精，盖雄者能化男，雌者能化女。——［清］黄汉《猫苑·灵异》引鄞县周缓斋（厚躬）云

◎猫认屋

民间相传猫认得房屋，狗认得人。房屋鳞次栉比，即使隔着几百户人家，猫也能找到回家的路，但不能识别大门外的人是不是自己的主人。狗跟人走，也可以跑出千百里。为何生物的能力这么不一样呢？

俗称猫认屋，犬认人。屋瓦鳞比，虽隔数百家，猫能觅路而归，然不能识主人于里门之外。犬之随人，乃可以千百里也。何

① 先大父，故去的祖父。

物性之不同如此？——［清］黄汉《猫苑·灵异》引萧山谢小东（学安）云

◎惯于陆

猫是世人所必需的，但是各处的船家都只养狗而很少养猫，这是何故？难道是因为猫习惯于陆地生活而不惯于水上生活？这里面一定有它的道理。

猫为世所必需，而到处船家皆蓄犬而少蓄猫，何欤？岂以其惯于陆，不惯于水耶？是必有由。——［清］黄汉《猫苑·灵异》引萧山沈心泉（原洪）云

◎火兽

猫是五行属火的动物，十分不适合在水上生活。狗是五行属土的动物，遇见水不会畏惧，而且也能捕鼠，所以船家多养狗而少养猫。

猫为火兽，甚不宜于水；犬为土兽，见水不畏，而亦能搏鼠，故船家多蓄犬而少蓄猫。——［清］黄汉《猫苑·灵异》汉按

◎四胜

养鸟不如养猫，养猫有四个优点：第一，保护衣物书籍有功劳；第二，随意放养，来去自便，不需要提着笼子逗玩；第三，食物只需鱼一种，不须供应蛋类、谷物、虫类、肉干等多种食物；第四，冬天里可以放在床上暖脚，很适合老人，不像鸟类遇上严寒身体就冻僵了。但俗人嫌

猫偷吃东西，常常用棒子将它打跑。但不养则已，一但用合适的方法驯养好，即使劝它，它也不会偷吃。

养鸟不如养猫，盖猫有“四胜”：护衣书有功，一；闲散置之，自便去来，不劳提把，二；喂饲仅鱼一味，无须蛋、米、虫、脯供应，三；冬床暖足，宜于老人，非比鸟遇严寒则冻僵矣，四。第世俗嫌其窃食，多梃走之。然不养则已，养不失道，虽赏不窃。——［清］黄汉《猫苑·名物》引青田韩湘岩（锡胙）《与张度西书》

◎暖老

陆游的诗里说“狸奴毡暖夜相亲”，张商英的诗里说“更有冬裘共足温”，看来给老人暖脚这一说法，也有所根据。

陆放翁诗“狸奴毡暖夜相亲”，张无尽诗“更有冬裘共足温”，则暖老一说，亦自有本。——［清］黄汉《猫苑·名物》汉按

◎净猫[1]

阉割家畜、家禽各有专门的称呼，其中阉割猫要称“净猫”。

骟马，宦牛，羯羊，阉猪，镦鸡，善狗，净猫。——［明］朱权《臞仙肘后经》

---

① 此条不译，皆为一个意思。

◎公猫必阉

公猫一定要阉割，杀掉它的阳刚之气，化刚为柔，这样猫的体型就会日渐圆润。民间又有半阉猫的方法，只割除猫一边的睾丸，这样猫的阳刚之气不会完全消亡，更显得刚柔适度。

公猫必阉，杀其雄气，化刚为柔，日见肥善。时俗又有半阉猫，只去内（外？）肾一边，其雄气未尽消亡，更觉刚柔得中。——［清］黄汉《猫苑·名物》引番禺丁仲文孝廉（杰）云

◎良法

阉猫时必须在屋外，猫疼痛自然会跑回屋内，不然在屋内阉，猫就会往外跑，从此害怕进屋。阉猫时，又必须把猫头卷进席子里，阉完后撒手放猫，猫就会从席子的另一口跑走，这样就能避免被猫咬到手，这也是一个很好的办法。

凡阉猫须于屋外，猫负痛自奔回屋内，否则必外逸，从此视内室如畏途矣。阉时，又须将猫头纳入卷簟之口，阉毕纵之，则从后口奔去，庶免被啮伤手，亦法之良也。——［清］黄汉《猫苑·名物》汉按

◎口技

技艺类中有一种叫相声（今称口技）的，学猫狗的叫声特别像。如鹦鹉、秦吉了跟百灵鸟，也都能学猫狗叫，偶尔听到时也不能分辨真假。

相声，俗作像声，就是所谓的隔壁戏。秦吉了，广东

人称之为辽哥。了，明邝露《赤雅》中写作鹩。

技术，有名相声者，作猫犬叫，其声酷肖。若鹦鹉、秦吉了及百灵，亦皆能作猫犬声，偶闻，卒莫之辨。——［清］黄汉《猫苑·名物》引仁和姜愚泉《片识》

相声，俗作像声，即所谓隔壁戏也。秦吉了，粤人呼为辽哥。了，《赤雅》作鹩。——［清］黄汉《猫苑·名物》汉按

◎戴杨柳圈

清明那天，清代温州的小孩和猫狗，都戴着柳条编的圆圈，这也是一方的民俗。

清明日，瓯人小儿及猫犬，皆戴以杨柳圈，此亦风俗之偏。——［清］黄汉《猫苑·名物》引朱联芝《瓯中纪俗诗注》

◎谚语

猫与现实关系紧密，所以民间与猫有关的说法特别多。比如有谚语把人干不法的勾当叫作“猫儿头生活”，明田艺蘅《留青日札》中有记载。技艺不精，就被嘲笑为“三脚猫”，元张明善《水仙子》提到“三脚猫般的‘渭水飞熊[1]’”，元陶宗仪《南村辍耕录》里有记载。黄钊说：“我们家乡（今广东蕉岭）开标场赌标[2]的，每四句为一句。十二字分成三句的，名叫‘三脚猫’。”华滋德说：“吴地民

① 飞熊，本当作“非熊”，典出《六韬》及《史记》别本，指姜太公，这里代指经天纬地之贤人。

② 赌标，赌博。标，给竞赛优胜者的奖品。

俗管乞求别人收养的孩子叫‘野猫’，叫狡诈的人为‘赖猫’，叫练拳的人为‘三脚猫’。”

“偷食猫儿改不得”，见于北宋苏轼《杂纂二续》。“哪个猫儿不吃腥”，见于《元曲选·相国寺公孙合汗衫·第三折》。“依样画猫儿”“寒猫不捉鼠”，都见于宋《五灯会元》。“猫头公事”“猫口里挖食”“猫哭老鼠假慈悲”，都见于明冯梦龙《古今谭概》及胡应麟《庄岳委谈》。

又如《通俗编》记载的：“猪来贫，狗来富，猫来开当铺。”又：“狗来富，猫来贵，猪来主灾晦。”至于“白天喂猫，晚上喂狗”，这条又见于《月令广义》。民间又把衙役跟小偷狼狈为奸的行为称作“猫鼠同眠”，这四个字见于《唐书》。浙江民谚又有“猫哥狗弟”的说法，因为猫经常申斥狗，而狗经常就此退避，所以唱词里有“兄猫”的说法，这也是附会之谈。至于“猫儿念佛”“猫儿拉磨”，这是因为猫的鼾声像念佛、拉磨。温州民间把勒索财物的人叫作“猫儿头”；把人生性小气称作“猫儿相”；如果少年奋勇，就说“新出猫儿强如虎”。谚语虽然鄙俚，但都有一定的道理，所以古今传诵不衰。至于《红楼梦》里所说的“钻热炕取暖却被烧到毛的小冻猫”，这是清朝满洲人的口气。

猫不被列入六畜，但猫狗并称的现象却不少。比如“狗来富，猫来贵”，“白天喂猫，晚上喂狗”，以及“猫哥狗弟”，此外还有温州民谚“清明猫狗戴柳圈”，都属于猫狗并称的现象。另外的民谚说：“六月六，猫狗浴。”黄钊《消夏诗》：“家家猫狗浴从窥。”无名氏《硕鼠传》说：“现在捉住的非狗非猫。”《数九歌》：“八九七十二，猫狗寻阴地。”至于五代卢延让《应举诗》：“饿猫临鼠穴，馋犬舐鱼砧。”此诗被主考赏识，于是卢延让榜上有名，人说这是得了猫狗之力，这是尤其明显的例子。

汉按：猫系俗缘，故俗之牵率夫猫者甚多。如谚云，人干事不干净者，称为“猫儿头生活”，见《留青日札》。作事不全，则讥为“三脚猫”，张明善曲“三脚猫渭水飞熊”，见《辍耕录》。家香铁待诏云：“吾乡开标场赌标者，每四字作一句。其十二字分作三句者，名曰‘三脚猫’。”华润庭云：“吴俗，呼乞养子为‘野猫’，谓人矫诈为‘赖猫’，习拳勇者为‘三脚猫’。”

又按：“偷食猫儿改不得”，见《杂纂二续》。“哪个猫儿不吃腥”，见《元曲选》。“依样画猫儿”“寒猫不捉鼠”，并见《五灯会元》。“猫头公事”“猫口里挖食”“猫哭老鼠假慈悲”，俱见《谈概》及《庄岳委谈》。

又如《通俗编》所载：“猪来贫，狗来富，猫来开质库。”又：“狗来富，猫来贵，猪来主灾晦。”至“朝喂猫，夜喂狗”，此又见于《月令广义》。世俗又以捕役与偷儿混处，称为“猫鼠同眠”，此四字见《唐书》。浙谚又有“猫哥狗弟”之谓，以猫常斥狗，而狗多辟易避去，故韵本有“兄猫”之文，此亦傅会之说。至于“猫儿念佛”“猫儿牵砻（lóng）[1]”，此则因其鼾声而云然。瓯俗又以讹索财物者，称为“猫儿头”；以人小器，称为“猫儿相”；若少年勇往，则云“新出猫儿强如虎”。夫谚虽鄙俚，皆有义理，故古今传诵不替。若《红楼梦》所称“钻热炕的

---

① 砻，去掉稻壳的农具，形状略像磨，多以木料制成。

烇（è）[1]毛小冻猫子”，此则满洲人之口腔也。

汉又按：猫不列于六畜，而猫犬连称，殆亦不少。如“狗来富，猫来贵”“朝喂猫，夜喂狗”，以及“猫哥狗弟”之外，即瓯俗“清明猫犬戴柳圈”，皆属连类所及。又俗谚：“六月六，猫狗浴。”家香铁《消夏诗》：“家家猫狗浴从窥。”又无名氏《硕鼠传》云：“今是获不犬不猫。”又《数九歌》：“六九五十四[2]，猫狗寻阴地。”至于五代卢延让《应举诗》：“饿猫临鼠穴，馋犬舐鱼砧。”见赏主司，遂获登第，人谓得猫犬之力，此则尤其显焉者也。——［清］黄汉《猫苑·名物》

---

① 据《红楼梦》，原文当作“燎”。

② 引文“六九五十四”有误，译文中已改正。

五 神奇的古代猫儿

解题

生物或灵或蠢，各不相同，灵的神异，蠢的平庸，据此可见其天赋。猫在众兽之中，真是灵得特别。虽然没有乾坤全德的完美，但也具备阴阳偏胜的真气。所以列于国家祭祀的行列，对世间有所裨益。因此特辑录《灵异》一篇。

物之灵蠢不一，灵者异而蠢者庸，于此可以见天禀也。若猫于群兽，其灵诚有独异。盖虽鲜乾坤全德之美，亦具阴阳偏胜之气。是故为国祀所不废，而于世用有攸裨也。辑《灵异》。——［清］黄汉《猫苑·灵异》

小贴士 《猫苑·灵异》一篇涉及祭祀、占卜、药效、妖异、神灵等，冗长驳杂，多虚妄之说。今将其中迷信色彩比较浓的内容删落，存其早出、重要及有趣之条目。

原 始

◎上树

花猫很凶，养在屋子里可以避鼠。猫能上树存身的这个神技，一定不要传给老虎这个外甥。

五白猫儿爪距狞，养来堂上绝虫行。分明上树安身法，切忌遗言许外生。——［南宋］普济《五灯会元》

此颂作者或说是北宋禅僧蕴聪（965—1032），但也有说是五代至宋初的禅僧风穴延沼（896—973），故或被称作《风穴颂》。其中虽然没有明确说到这个外甥是老虎，但可以想见必为如此。

◎虎舅

民间传说猫是老虎的舅舅，猫教给了老虎各种技能，唯独没有教老虎上树。

俗言猫为虎舅，教虎百为，惟不教上树。——［南宋］陆游《嘲畜猫》自注

◎虎师猫

世代相传的笑话里说，老虎羡慕猫的身手敏捷，愿意拜猫为师，时间不长就学会了猫的各种技能，唯独不能上

树和回过头看东西，老虎竟然因此怪罪于猫，猫说："你喜欢同类相残，我能不害怕吗？留着这两手儿，正是为了自保啊。如果都教给你，哪天我必定会被你吃了。"

相传笑话，谓虎羡猫灵捷，愿师事之，未几，件件肖焉，而独不能上树，与夫转颈视物，虎乃以是咎猫，猫曰："尔工噬同类，我能无畏？留斯二者，正为自全地耳。若尽以传尔，他日其能免于尔口哉。"——［清］黄汉《猫苑·灵异》汉按

小贴士

此文之前黄汉还有一句话："虎凡肖猫，独耳小颈粗不同。然宋何尊师尝谓猫似虎，独耳大眼黄不同。世俗又称猫为虎师。"（老虎大体上跟猫很像，只有耳朵小和脖子粗这两点与猫不同。然而宋初的何尊师已经说过猫像老虎，只有耳朵大、眼睛黄这两点不同。民间又传说猫是老虎的师父。）又，现实中老虎其实天生就会上树，民间传说不可拘泥。

◎唐僧

猫不是中国原产的物种，本出自西方印度，因并非秉受中国气候所生，所以猫鼻头经常是冷的，只有夏至那一天暖一些，那天猫儿会忽然不再自舔鼻头。猫死后，不要把它埋到土里，而要把它挂在树上。佛家因为老鼠会咬毁佛经，所以唐三藏去西天取经时把猫也带回来养，现在的猫都是唐猫的后代。

猫非中国之种，出于西方天竺国，不受中国之气所生，鼻头常冷，惟夏至一日暖，忽然不食其囟[①]。猫死，不埋在土，挂于树上。释氏因鼠咬侵坏佛经，唐三藏往西方取经，带归养之，乃遗种也。——［明］杨淙《群书考索古今事文玉屑》

除“唐僧取猫”传说之外，中国古代还流传着另外一个解释猫的来源的传说，即“五鼠闹东京”。

◎五鼠闹东京

老鼠只会夸说自己的祖先曾搬运皇粮救圣驾，不提最近的“五鼠闹东京”事件。鼠老大变成太后，鼠老二变成皇帝，鼠老三变成大臣，鼠老四变成道士，鼠老五变成读书人，祸乱东京（开封）城，以至于天兵天将都难辨真假，束手无策。如来佛借给包公玉面金猫，也就是中国猫的祖先，这才使得老鼠精们变回原形。老鼠精叩头求饶，观音菩萨为其讲情，这才留下老鼠的性命。（从此中国有了猫挟制老鼠。）

他只说运皇粮救过圣驾，他不说近东京作乱圣君。大老鼠变皇娘混乱宫院，小老鼠变万岁假充圣君。三老鼠变文武朝纲混倒，四老鼠变天师要把妖擒。五老鼠变圣人诗书不懂，众天兵下

① 囟，应当是鼻的讹字。

了界难辨假真。如来佛自空中送下我祖，他的祖见我祖现露真身。叩个头打个滚服伏在地，观世音讲人情收回祖人。——［民国］佚名《耗子告猫》

◎六畜

六畜里有马而没有猫，然而马是北方之兽，南方哪能家家养马？去掉马加上猫，才不偏颇。清初学者毛奇龄曾经有过这个说法。后来的大儒，如果能提议改掉《礼经》，那才是不可磨灭的经典。

猫虽然不被列入六畜，但是猫生性温顺，善解人意，所以得到人们的爱护，也是生物本性所致。

六畜有马而无猫，然马乃北方兽，南中安得家蓄而户养之？退马而进猫，方为不偏。毛西河曾有此说。后之硕儒，苟能立议告改《礼经》，自是不刊之典。——［清］黄汉《猫苑·灵异》引淳安周上治《青苔园外集》

猫虽不列于六畜，然性驯良者，能解人意，所以得人爱护者，亦物性有以致之耳。——［清］黄汉《猫苑·名物》引华润庭云

◎功用

当年杨蔚亭先生和浙江太平县（今温岭市）戚学标进士曾经谈到过“六畜无猫”这个话题，说马是北方所产，勤于农事与战争上的重任，所以被列为六畜之首。要说功用的宏大，马被列入六畜是合适的；要说功用的普遍，猫

[清] 金农《动物花卉册》

［清］闵贞《肥猫图》

被列入是正当的。《礼经》是北方人编纂的，大概最初不会意识到马只有北方出产，而猫各地都有。这个说法很是公允。杨蔚亭名炳，是浙江温州平阳县人。

昔年杨蔚亭广文，与太平戚鹤泉进士尝论及此，谓马为北产，力任耕战，故列六畜之首。论功用之宏，马为宜；论功用之溥，猫为正。《礼经》纂自北人，盖初不理会马之产惟北，而猫之产遍寰宇也。此说甚平允。蔚亭名炳，平阳人。——［清］黄汉《猫苑·灵异》汉按

神 异

◎迎猫

迎祭猫神，因为猫吃地里的老鼠。迎祭虎神，因为老虎吃地里的野猪。

迎猫，为其食田鼠也。迎虎，为其食田豕也。——《礼记·郊特牲》

古代天子在年终时迎接各种神灵来祭祀，以祈求来年丰收，这叫作“大蜡（zhà）”。周代“天子大蜡八”，其中就包括迎猫、迎虎。此礼汉唐行之不辍，一直到清代都有影响。诸家引《独断》《旧唐书》《宋史》等，今不备列。

◎降鼠将军

清代杭州人祭祀猫儿神，并称之为降鼠将军。每逢年末祭祀众神，必然都把猫儿神列入其中。

杭人祀猫儿神，称为降鼠将军。每岁终祭群神，必皆列此。——［清］黄汉《猫苑·灵异》引仁和陈笙陔（振镛）曰

◎差猫亭

清代，浙江金华府城大街上有个差猫亭，本来是明朝的军装局。相传当时鼠患严重，朝廷差派了一只猫，鼠患马上被平。后来在那里立庙，称该猫为灵应侯。至今当地人都奉之为土地神，称这里为差猫亭。

金华府城大街有差猫亭，本先朝军装局。相传有鼠患甚暴，朝廷差赐一猫，而鼠暴顿除。后立庙其地，称灵应侯。至今里人奉为社神，呼为差猫亭云。——［清］黄汉《猫苑·灵异》引张衡斋（振钧）云

◎大铁猫

广东番禺县下辖的沙湾和茭（jiāo）塘的交界上，有座老鼠山，这里向来是强盗聚集之处。前任县令李瑚以此为患，于是在山顶铸造了一只大铁猫来镇压。铁猫张牙舞爪，形体高大。我（刘荫棠）曾经缉捕犯人经过那里，亲自登上山参观过。但游人常常往铁猫嘴里投入食物和毛巾、扇子等物，说是让猫吃饱，不知这是什么原因。

番禺县属之沙湾、茭塘界上，有老鼠山，其地向为盗薮，

前督李制府瑚患之，于山顶铸大铁猫以镇之。猫则张口撑爪，形制高钜。予曾缉捕至此，亲登以观。而游人往往以食物巾扇等投入猫口，谓果其腹，不知何故。——［清］黄汉《猫苑·灵异》引刘月农巡尹（荫棠）云

◎铁猫将军

天津船厂里有个铁猫将军，传说是明朝留下来的战船上的铁锚。厂里废弃的铁锚很多，唯独这个特别高大。因为年久显灵，所以有了封号。每年照例由天津政府长官亲自前来祭祀一次，至清代中晚期还行之不废。

天津船厂有铁猫将军，传系前朝所遗战船上铁猫。厂中废猫甚多，此独高大。因年久为祟，故有奉敕封号，每年例由天津道躬诣祭祀一次，至今犹奉行不替。——［清］黄汉《猫苑·灵异》引胡笛湾知鹾云

古代船锚之“锚”多写作“猫”。

◎铁猫场

江苏南京城北面铁猫场里有一只铁锚，长有四尺多，横躺在水泊中，古色斑斓，不知是什么朝代的物件，相传上去抚弄它就能得子。中秋节晚上，很多男男女女都会聚集到那里。

金陵城北铁猫场有铁猫，长四尺许，横卧水泊中，古色斑斓，不知何代物，相传抚弄之则得子。中秋夕，士女如云，咸集于此。——［清］黄汉《猫苑·灵异》引余蓝卿云

◎猫将军庙

越南有座猫将军庙，庙里的神像猫头人身，特别灵验。内地人去那里，必定祈祷一番，以断定吉凶。有人说“猫”是“毛”字的讹传。明代的毛尚书曾经平定越南，所以有这座庙。果真如此的话，这又是伍髭须、杜十姨式的旧事了，可发一笑。以上是广东揭阳人陈升进士说的。

安南有猫将军庙，其神猫首人身，甚著灵异。中国人往者，必祈祷，决休咎。或云“猫”即“毛”字之讹。前明毛尚书，曾平安南，故有此庙。果尔，是又伍紫髯、杜十姨之故辙[1]矣，可博一噱。揭阳陈升三登榜述。——［清］黄汉《猫苑·灵异》引丁雨生云

◎猫山

湖南有座猫山，相传这里以前有猫成了精，所以猫类特多，猫子猫孙好像都明白事理，凡是有猫死了，都自己把自己葬在这座山上，致使山上猫坟累累，数不胜数。山上出产一种竹子，名叫“猫竹”，甚为丰美，没有埋猫的地方就没有这种竹子。“猫竹”这个名字的由来便出自此

① 伍子胥曾被讹传为伍髭须（本文又讹为伍紫髯），神像也为五个大胡子的形象。杜甫曾任拾遗，他的庙叫杜拾遗庙，有人就将之误塑成十个女子。

处，凡写成“毛竹”“茅竹”的都不对。

湖南有猫山，相传昔有猫成精，族类甚繁，其子孙皆若知事，凡猫死，悉自葬此山，其冢累累然，不可计数。山出竹，名猫竹，甚丰美，其无猫葬处则无之。“猫竹”之名本此，作“毛”“茅”皆非。——［清］黄汉《猫苑·灵异》引蒋稻香（田）云

◎掩屎

《珞琭子》记载：“猫会自己把大便埋起来，灵性而洁净，让人喜爱。”所以，爱干净的猫都是有灵性的。

《珞琭子》云：“猫能掩屎，灵洁可喜。”故好洁之猫，无不灵也。——［清］黄汉《猫苑·毛色》汉按

小贴士

《珞琭子》是古代讲算命的书，黄汉所引不见于今本。

◎灵洁

猫是有灵性且洁净的动物，跟牛、驴、猪、狗迥然不同，所以得到上上下下的人们的共同珍爱。而且自古以来奸诈邪恶的人，都转世沦为牛、马、猪、狗，比如白起、曹操、李林甫、秦桧等人，不只一个，但从未听说有转世成猫的。可见神异的生物与一般的畜类不同。

猫为灵洁之兽，与牛、驴、猪、犬迥异，故为贵贱所同珍。

且古来奸邪之人，其转世堕落为牛、为马、为犬、为猪，如白起、曹瞒、李林甫、秦桧之辈，不一而足，未闻有转生而为猫者。可见仙洞灵物，不与凡畜侪矣。——［清］黄汉《猫苑·灵异》引会稽陶蓉轩先生（汝镇）云

◎猫灵

鹤是傲鸟，鱼是惊鳞。猫灵性，鸭无知；鱼状似惊愕，鸡状似斜眼；蚂蚁劳苦，斑鸠笨拙；鹭鸟忙碌，螃蟹躁动；青蛙易怒，蝴蝶痴傻；鹅傲慢，狗恭敬；狐狸好疑，鸽子守信；毛驴乖巧，蜘蛛灵巧。

鹤为傲鸟，鱼为惊鳞。猫灵鸭懵，鱼愕鸡睨，蚁劳鸠拙，鹭忙蟹躁，蛙怒蝶痴，鹅慢犬恭，狐疑鸽信，驴乖蛛巧。

——［清］黄汉《猫苑·灵异》引其友姚雅扶先生（淳植）云，且言："雅扶，庆元廪生，寄居温郡。"（姚淳植是庆元县廪生，客居在温州。）

◎听经

浙江平阳县灵鹫寺的僧人妙智养了一只猫，每逢有人讲经说法它就在莲座下俯首静听。一天猫死了，僧人把它埋掉时，忽然从土中生出莲花，众人把土挖开，发现莲花是从猫口中生出的。

平阳灵鹫寺僧妙智畜一猫，每遇讲经辄于座下伏听。一日猫死，僧为瘗（yì）之，忽生莲花，众发之，花自猫口中出。——［清］黄汉《猫苑·灵异》引《瓯江逸志》

◎得奇子

清道光二十六年（1846）春天，我家养的老花猫生了一只白色的幼崽，长长的毛，形状如同狮子。朋友方存之说："这是个奇异的品种，并不常见。"养了一年多，早晚留在身边，鼠患绝无。有一天，天还没亮，小猫忽然爬到我床上，大叫几声后跑了，不久猫就死了。普通的猫生下珍异的幼崽，如此灵异但命不长，可惜呀！

道光丙午春，余家所蓄老麻猫生一子，白色，长毛毵（sān）毵，形如狮子。友人方存之云："此异种也，不可易得。"养之年余，日夕在旁，鼠耗寂然。一日，天未明，猫忽至余床上，大吼数声而去，已而死焉。庸猫得奇子，灵异如此而不寿，惜哉！——［清］黄汉《猫苑·灵异》引桐城刘少涂（继）云

◎八阵图

申甫是云南人，行侠仗义，能说会辩。小时候曾经把老鼠拴在道旁玩耍，有个道士经过，教申甫变戏法，于是让他拾起路边的瓦石，铺在地上，把老鼠放中间，老鼠窜来窜去就是跑不了。不久诱导猫过来，猫想捕鼠，但也进不去，猫鼠僵持了很长时间。于是道士小声告诉申甫说："这就是传说中的八阵图。小朋友你也想学吗？"申甫当时还小，不能理解道士的话，随便回了句说："不愿意学。"道士就走了。

［明］仇英《村童闹学图》

［明］仇英《汉宫春晓图》（局部）

［明］商喜《写生图》

申甫，云南人，任侠，有口辩。为童子时，尝系鼠媐（yí）[1]于途，有道人过之，教甫为戏，遂命拾道旁瓦石，四布于地，投鼠其中，鼠数奔突不能出。已而诱狸至，狸欲取鼠，亦讫不能入，狸鼠相拒者良久。道人乃耳语甫曰："此所谓八阵图也。童子亦欲学之乎？"甫时尚幼，不解其语，即应曰："不愿也。"道人遂去。——［清］汪琬《尧峰文钞》

小贴士

此篇后文叙述申甫长大后再遇道士，道士为之传下兵法。但申甫最后被小人陷害，死于明末乱军。由于文字较多，且与猫无关，故不再详录。黄汉引此文，又说："俗有取粗线织成圆网，用以罩鼠，四方上下，面面皆圈，鼠入其中，冲突触系，终不能出，名为'八阵圈'，亦名'天罗地网'。"

◎龙虎斗

猫跟蛇斗，俗称龙虎斗。有人曾经见到猫和蛇在屋顶打斗，蛇败了，穿进房瓦的缝隙往下逃，刚巧被屋子下面的人遇上，人用锄头把蛇断为两截。上半截蛇飞走了，不久后长出翻唇一般的肉疱，像碟子一般大。有一天白天，断蛇人在床上睡觉，蛇穿过他的床帐顶子，想要下来咬他，因有肉疱而暂时卡住了。猫刚好看见这一幕，于是爬到床

① 媐，本义为快乐，这里应当指玩耍。

上大叫，那人便被惊醒，看见蛇，惊惧着躲开了，侥幸没被咬到。人们说蛇知道报仇，猫知道保护主人。

猫与蛇斗，俗称龙虎斗。尝见猫蛇斗于屋背，蛇败，穿瓦罅下遁，适屋下人遇之，以锄挥为两段，上段飞去，已而结成翻唇肉疤，大如碟。一日，断蛇者昼卧于床，蛇穿其帐顶，欲下啮之，因肉疤格搁。猫适见之，登床猛喊，其人惊醒，见蛇，惧而避之，幸未遭噬。人谓蛇知报冤，猫知卫主。——［清］黄汉《猫苑·灵异》引山阴张冶园（锜）曰

◎猫性、猫命

温州人管暴戾的人性叫“猫性”，管轻视生命的叫“猫命”。所以经常有“这猫性不好”和“这条猫命”的俗话。

瓯中谓人性暴戾曰“猫性”，视轻性命曰“猫命”。故常有“这猫性不好”及“这条猫命”之谚也。——［清］黄汉《猫苑·灵异》汉记

物　理

◎鼻冷、洗面

猫，瞳仁在晚上是圆的，到了中午会收成一条线。平时猫鼻头温度较低，只有夏至这一天是暖的。猫毛容不得跳蚤和虱子，在黑暗中从后至前抚弄黑猫的毛，就会看到火星子。民间传说猫洗脸过了耳朵，就会有客人造访。

猫，目睛暮圆，及午竖敛如线。其鼻端常冷，唯夏至一日

暖。其毛不容蚤虱，黑者暗中逆循其毛，即若火星。俗言猫洗面过耳则客至。——［唐］段成式《酉阳杂俎》

◎引竹、卜鼠

民间传说，薄荷可以让猫醉倒，死猫能引来竹子。事物之间相互感通是自然而然的，不是普通人的智力思虑可以轻易理解的。像“薄荷醉猫，死猫引竹”这些，根据旧有的习俗就可以知道。猫也像老虎那样，通过在地上画画来对捕猎事宜进行占卜，现在民间称之为卜鼠。

世云，薄荷醉猫，死猫引竹。物有相感者，出于自然，非人智虑所及。如“薄荷醉猫，死猫引竹”之类，乃因旧俗而知尔。猫亦如虎，画地卜食，今俗谓之卜鼠。——［宋］陆佃《埤雅》

◎邛竹鞭

邛竹做的鞭子用来打马，时间越久就越润泽坚韧；用来打猫，就会一节一节地断开。

邛竹鞭以箠马，则愈久而愈润泽坚韧；以击猫，则随节折裂矣。——［宋］范镇《东斋记事》

◎猫儿咬鼠

有人说老虎咬人，每月上旬咬头颈，中旬咬腹背，下旬咬两只脚，猫咬老鼠也一样。

一云虎咬人，月初咬头项，月中咬腹背，月尽咬两脚，猫儿咬鼠亦然。——［宋］宋慈《洗冤集录》

黄汉引别家说法，变“咬”为“下嘴吃的地方是”，如“上旬从头开始吃”，更补充说：“食有余者，小尽月也。”（如果吃完剩残渣，是因当月不足30天。）荒唐至极。

◎**猫眼定时**

用猫眼睛确定时辰，很是有效。大概是说：“凌晨零点、午时十二点、早上六点、傍晚十八点左右，猫的瞳仁像一条线；凌晨四点、下午十六点、上午十点、晚上二十二点左右，猫的瞳仁呈枣核形；上午八点、晚上二十点、凌晨两点、下午十四点左右，猫的瞳仁圆得像镜子。”还有一种说法：“凌晨四点、下午十六点、上午十点、晚上二十二点左右，猫的瞳仁圆得像镜子；上午八点、晚上二十点、凌晨两点、下午十四点左右，猫的瞳仁呈枣核形。”剩下的说法与前者相同。

猫眼定时，甚验。盖云：“子午卯酉一条线，寅申巳亥枣核形，辰戌丑未圆如镜。”一作“寅申巳亥圆如镜，辰戌丑未如枣核”，余同。——［清］黄汉《猫苑·灵异》引《通书》《选择书》

◎**狮负**

南方的白胡山上盛产猫睛，量多而且品质很好，别处都赶不上。相传在很久很久以前，白胡山上住着遍体皆白的白胡人，白胡人并无其他生业，只养着一只猫。猫死后，白胡人就把它埋在山中。过了一阵子，白胡人忽然梦见猫对他说：“我又活了。不信可以把我从土里挖出来看看。”白胡人真去挖，结果只挖出两颗猫的眼珠。这两颗猫睛坚硬光滑，如珠似玉，中间有一道白，任人横搭转侧，也是分明活现。用这对猫睛去验证十二时辰，也跟活猫眼睛一样精准无误。白胡人对此感到非常奇怪。夜间，猫儿又在梦中说：“我这两颗眼睛能够繁衍。你把它们埋在山北，它就能变出无穷多颗来。其中一颗泛红光的，人吞下就可以成仙。”白胡人果然如法得到这颗红光猫睛。之后邀集亲朋饮酒宴别，遂吞下猫睛，便有一只如狮子般的猫儿自天而降，驮着白胡人就上了天界。至今这座山中还有很多猫睛宝石。因此，猫睛还得了一个别称叫“狮负”。传说仙女曾进献给唐玄宗两枚狮负，说的就是猫睛。玄宗还把这两枚狮负藏在牡丹纹装饰的钿盒中，用来验证时辰。

南蕃白胡山出猫睛，极多且佳，他处不及也。古传此山有胡人，遍身俱白，素无生业，惟畜一猫，猫死埋于山中，久之猫忽见梦焉，曰：“我已活矣。不信者可掘观之。”及掘，猫身已化，惟得二睛坚滑如珠，中间一道白，横搭转侧分明，验十二时无误，与生不异。胡人怪之。夜又见梦，云埋此于山之阴，可以变化无穷，中一颗赤色有光者，吞之得仙。胡掘得，遂集山人，置酒食为别，及吞，即有一猫如狮子负之，腾空而去，至今此山最多猫睛。猫睛一名狮负，仙女上玄宗狮负二枚，即此。玄宗藏于牡丹钿合中，以验时。——［元］伊世珍《琅嬛记》

［明］陆治《花鸟图卷》（局部）

〔明〕陶成《菊石戏猫图》

◎听其食毕

猫吃老鼠要分三旬。也有不停捕鼠，但一只不吃的，这是最好的品种？又：猫吃老鼠，有时在衣物或者席子上，不要惊动驱赶它，任凭它吃完，自然不会留下痕迹。如果靠近窥视，就会留下一片血污。有人说，猫正在吃老鼠的时候你去窥视，猫牙就会变软，以后就再也咬不动老鼠了。

猫食鼠分三旬，亦有捕鼠无算，绝不一食者，其种之最良欤？又曰：猫食鼠，或于衣物茵席之上，勿惊驱之，听其食毕，自无痕迹。若逼视之，则血污狼藉矣。或谓当食时视之，则齿软，以后不复能啮鼠。——［清］黄汉《猫苑·灵异》引华润庭（滋德）云

◎喜月

万物各有所爱，比如《韩诗外传》说过：马喜欢风，狗喜欢雪，猪喜欢雨。而猫单单喜欢月亮，所以月夜中猫常常爬上屋顶，这跟狐狸的习性相同。

物各有所喜，如《诗传》马喜风、犬喜雪、豕喜雨。而猫独喜月，故月夜常登屋背，盖与狐狸同性也。——［清］黄汉《猫苑·灵异》引丰顺丁雨生茂才（日昌）云

◎媚人

猫懂得谄媚人，所以喜欢猫的人多。猫本来就是狐狸的同类。

猫解媚人，故好之者多。猫固狐类也。——［清］黄汉

《猫苑·灵异》引彭左海《燃青阁小简》

◎喜与蛇戏

猫喜欢和蛇一起玩，有人说这是水火相依顺的意思。因为猫属于阴火，飞蛇是水兽但五行属火。

猫喜与蛇戏，或谓此水火相因之义。以猫属阴火，而螣（téng）蛇水畜而火属也。——［清］黄汉《猫苑·灵异》引王朝清《雨窗杂录》

◎蛇交

张德和说："猫和蛇交配，就会产下狸猫，所以狸猫的斑纹像蛇。"他称这个说法是在跟权黄冈同朝为官时在民间听来的。啊，真的吗？其实不同物种交合的现象在鸟兽中往往会有。姑且保留这个说法，等着跟博雅君子们讨论。

张暄亭参军[①]（德和）云："猫与蛇交，则产狸猫，故斑文如蛇也。"谓此说于权黄冈同守时，得之民间。噫！亶其然乎？然交非其类，禽兽往往有之。姑存其说，俟质博雅。——［清］黄汉《猫苑·灵异》汉自记

◎蛇猫

清代，张七曾经给黄仲安带来一只小猫售卖，开价甚高，说这不是普通品种，是猫跟蛇交配生下的。因而详细

---

① 参军，明清时对"经历"（官名）的别称，掌出纳文移，这里应该是指"府经历"，即知府手下的事务官。今不译。

讲述了他亲眼看到的猫蛇交配过程，并且指出这只猫身上的花纹跟普通猫身上的也有细微的差别。黄仲安验看后发现果然不假。

张七尝携一雏猫来售，索价颇昂，云此非凡种，乃蛇交而生者。因详述其目击蛇交之由，并指猫身花纹，与常猫亦微有别。验之不诬。——［清］黄汉《猫苑·灵异》引薰仁又云

明显是骗人的。

◎戏尾巴

猫都喜欢玩自己的尾巴，所以北方有“猫儿戏尾巴”的谚语。

猫并喜自戏其尾，故北人有“猫儿戏尾巴”之谚。——［清］黄汉《猫苑·灵异》汉按

◎照镜

猫照镜子，聪明的能够认出自己并发出相关的声音，而笨猫就不能。

猫照镜，慧者能认形发声，劣猫则否。——［清］黄汉《猫苑·灵异》引《丁兰石尺牍》

◎食野

捕捉麻雀、蝴蝶、青蛙、鸣蝉来吃的猫，不是狂就是野，会长瘊子和蛆。

张孟仙说：“猫吃了野生动物，性子就会暴戾而难驯；吃了含盐量高的食物，就会掉毛长癞。”陶文伯说：“猫喜欢捕捉麻雀，常常趴伏在房顶瓦沟上，等到麻雀跳过来，就忽然起身扑过去，百发百中。又喜欢跟乌鸦和喜鹊打斗。”

猫捕雀、蝶、蛙、蝉而食者，非狂则野，生疣及蛆。——［清］黄汉《猫苑·名物》引《物性纂异》

张孟仙云：“猫食野物则性戾而不驯，食盐物则毛脱而癞。”陶文伯云：“猫喜捕雀，每伏处瓦坳，伺雀跃而前，即突起扑之，百不失一。又喜与乌鹊斗。”——［清］黄汉《猫苑·名物》

辟 鼠

◎刻木为猫

用木头刻一只猫，再用黄鼬的尿调好颜料给它涂上色，老鼠见了就会退避。

木猫俗称“鼠弶（jiàng）[1]”。陈定宇写有《木猫赋》。

刻木为猫，用黄鼠狼尿调五色画之，鼠见则避。——［清］黄汉《猫苑·灵异》引《夷门广牍》

木猫，俗呼“鼠弶”。陈定宇有《木猫赋》。——［清］黄

① 弶，一种捕捉鸟兽的工具，或说其形似弓。

汉《猫苑·名物》引《通俗编》

◎泥猫、泥鼠

清代苏州虎丘有很多玩具店。有人用一个纸匣子，把泥塑的猫放在盖上，泥塑的鼠放在里面。匣子打开，泥猫便退下而泥鼠出来；匣子合上，泥猫到了前面而泥鼠又藏了起来，像一个在捕一个在躲，各自有机巧之心的样子。工匠竟这样心灵手巧。孩子们争着买，并管这种玩具叫"猫捉老鼠"。

姑苏虎丘多耍货铺。有以纸匣一，塑泥猫于盖，塑泥鼠于中。匣开则猫退鼠出，合则猫前鼠匿，若捕若避，各有机心。其人巧有如此者。儿童争购之，名"猫捉老鼠"。——［清］黄汉《猫苑·灵异》引鸿江（吴官懋）又云

◎猫枕

每到端午那天，选取枫树的瘿瘤刻成猫形枕头，可以辟除老鼠，还能辟除邪恶。

凡端午日，取枫瘿，刻为猫枕，可辟鼠，兼可辟邪恶。——［清］黄汉《猫苑·灵异》引朱赤霞上舍（城）云

◎金猫辟鼠法

金猫辟鼠法：把相同剂量的椿树叶、冬青叶和丝瓜梗叶，于每个季节的末尾，在堂屋烧掉，老鼠就会远远退避。

金猫辟鼠法：椿树叶、冬青叶、丝瓜梗叶，（上各等分。）每

［北宋］易元吉《猴猫图》

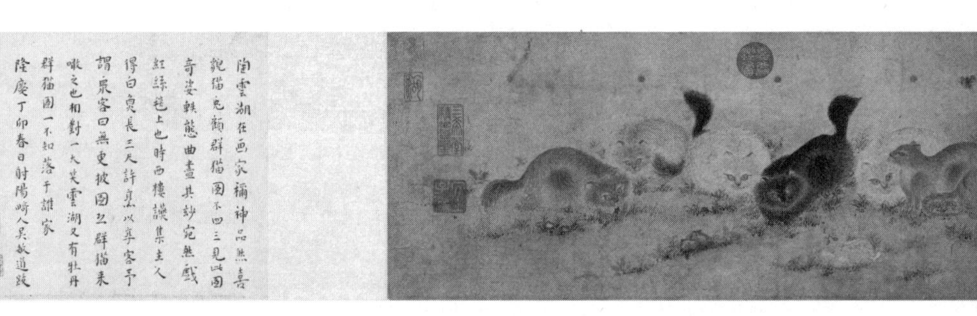

［明］陶成《狸奴芳草图》

［元］龚开《元钟进士移居图》

四季烧烟，熏于堂上，鼠远避。——［明］龚廷贤《寿世保元》

◎燂（tán）[1]春

温州民俗，每年立春在门洞和屋中燃烧樟叶和爆竹，名叫燂春，口中喊着："烧春啦！烧一烧，猫儿眼睛亮；烧一烧，老鼠看不清。"大概是咒老鼠眼瞎。有灵验的家庭，一整年都少见老鼠。

瓯俗，每岁立春之时，燃樟叶爆竹于门堂奥室诸处，名为燂春，口号云："燂春，燂燂，猫儿眼光；燂燂，老鼠眼瞙（mò）瞊（dàng）[2]。"盖咒鼠目之瞎也。有应者，终年鼠患为稀。——［清］黄汉《猫苑·灵异》汉按

◎鼠王

湖南益阳鼠患严重，但不养猫，都说衙门里有鼠王，不轻易出来，出来的时候对官长不利，所以人们非但不养猫，而且每天都提供官粮养着老鼠。道光二十三年（1843），云南进士王森林出任此地县令，邀请我（倪楙桐），一同前往。我住的院子很是宽敞，草木茂盛，每到午后，老鼠从墙缝中钻出，或是嬉戏或是打斗，数不胜数，见得多了，人们也不觉得奇怪了。有一天，一只大猫在屋檐下面伺机捕捉一只大老鼠，相持多时，老鼠力屈被杀。从此之后，猫因为能抓到吃的便每天都来，终于在十天后

---

① 燂，燃烧。

② 瞙，目不明。瞊，不明。

没有一只老鼠敢出来了，最后竟然绝了鼠患。啊，猫虽是灵性动物，奈何老鼠狡猾。然而我在官府中三年，衣物从来没有被咬坏过，老鼠可能明白人的豢养之恩，不敢毁伤人的东西。而且人没有机心，外物也会平静对人了。

湖南益阳县多鼠，而不蓄猫，咸谓署中有鼠王，不轻出，出则不利于官，故非特不蓄猫，且日给官粮饲之。道光癸卯，云南进士王君森林令斯邑，邀余偕往。余居之院甚宏敞，草木蓊翳，每至午后，鼠自墙隙中出，或戏或斗，不可胜计，习见之，而不以为怪也。一日，有大猫由屋檐下，伺而捕其巨者，相持许久，鼠力屈而毙。自此猫利其有获而日至焉，乃积旬而鼠无一出者，后竟寂然。噫！猫性虽灵，其奈鼠之黠何。然余在署三年，衣物从未被啮，鼠或知豢养之恩，不敢毁伤。且人无机械，物亦安之尔。——［清］黄汉《猫苑·灵异》引倪豫甫云

◎猫功

有了这回惩治，常年的患害得以灭除，不能不说是猫的功劳。但是不知鼠患消除之后，每天供给的官粮是否可以免除。谚语说："购入粮食喂老鼠，买的是安静。"这也是对环境的一种妥协，可叹哪！

有此一惩，积害以除，不可谓非猫之功也。但不知鼠耗寂然之后，其日给官粮可以免否？谚云："籴谷供老鼠，买静求安。"是亦时世之一变，可叹也夫！——［清］黄汉《猫苑·灵异》汉按

黄汉此处所评甚是。

农谚

◎吃青草

猫儿吃青草，预示着天将下雨。

猫儿吃青草，主雨。——［元］娄元礼《田家五行》

◎非时饮水

清代浙江温州谚语里讲：长时间晴天，猫忽然不按时喝水，就预示着将要下雨。

久晴，猫忽非时饮水，主天将雨。——［清］黄汉《猫苑·灵异》引瓯谚

◎八九天

冬至后数九数到八九时（气温已经变暖），猫儿狗儿就会去寻找阴凉地了。

八九七十二，猫犬寻阴地。——［明］谢肇淛《五杂组》

六　猫有哪些古雅的名字

解题

名称和实物，自开天辟地以来皆萌发于无，产生于有。万事万物杂出丛生，大概名称和实物就相互依存，不可或缺。形体和影子一旦出现，其精神便留存百世，成为民众的讲谈、书写的对象，又并非只有猫这一名物是如此。本篇专为有助于考证猫的名称而编。因此特辑录《名物》一篇。

夫名也物也，有宇宙来则皆萌之于无，存之于有。虽万类之杂出，万事之丛生，盖无物无名，无名无物。形影著于一旦，魂魄留于百世，资谈噱而供楮墨，又非独猫为然也。兹篇则专为猫资考证焉。辑《名物》。——［清］黄汉《猫苑·名物》

通 名

◎猫音

好像是听到猫叫声就管这种动物叫作猫，听到雀啼声就把这种动物叫作雀，不知道这两种动物究竟叫什么。

犹听猫音而谓之猫，听雀音而谓之雀，不知二虫竟谓何名也。——［北凉］刘昞《人物志·效难第十一》注

◎字从苗

老鼠经常祸害禾苗，而猫能够捕鼠，去除对禾苗的危害，所以猫字从苗得声。

鼠善害苗，而猫能捕鼠，去苗之害，故猫之字从苗。——［宋］陆佃《埤雅》

此为一说而已。事实上老鼠伤害的主要是粮食，而不是禾苗。

◎自呼

有人说：叫声就是自己名字的动物，鸭子、喜鹊、猫和狗都是，哪里只有鸭子和杜鹃呢？

或谓自呼其名者，鸭、鹊、猫、狗亦皆能之，岂特鸭与杜宇？——［元］俞琰《席上腐谈》

◎苗、茅二音

猫字音苗又音茅，它的叫声就像是在喊自己的名字。《埤雅》中“老鼠危害禾苗而猫能捕鼠护苗，所以猫字从苗”之说，根据《礼记·郊特牲》说的“迎请猫神，因为猫可捕食田地里的老鼠”来讲，也是可以讲通的。

猫，苗、茅二音，其名自呼。陆佃云“鼠害苗而猫捕之，故字从苗”，《礼记》所谓“迎猫，为其食田鼠也”，亦通。——［明］李时珍《本草纲目·兽部》

小贴士

李时珍此处首鼠两端，认为两种说法都可说得通，实在让人想不通。

◎鼠将

唐武宗还只是颍王时[1]，在自家园林中喂养了十种可供人赏玩的动物，而且还画了《十玩图》，传到了宋初:《九皋处士》画的是鹤,《玄素先生》画的是白鹇（xián）,《长鸣都尉》画的是鸡,《灵寿子》画的是龟,《惺惺奴》画的是猴,《守门使》画的是狗,《长耳公》画的是驴,《鼠将》（伏鼠大将）画的是猫,《茸客》画的是鹿,《辨哥》画的是鹦鹉。

① 当长庆元年（821）至开成四年（839），时当中晚唐的过渡期。

[明] 佚名《明人眉寿图》

[明] 周之冕《猫蝶图轴》

［南宋］李迪《狸奴小影图》

武宗为颖王时，邸园蓄食兽之可人者以备十玩，绘《十玩图》，于今传播:《九皋处士》鹤,《玄素先生》白鹇,《长鸣都尉》鸡,《灵寿子》龟,《惺惺奴》猴,《守门使》犬,《长耳公》驴,《鼠将》猫,《茸客》鹿,《辨哥》鹦鹉。——［北宋］陶穀《清异录》

◎猫有九名

猫又叫“乌圆”（出自唐段成式《酉阳杂俎》），又叫“狸奴”（出自五代释静、释筠《祖堂集》）。因为貌美，又称为“玉面狸”（出自宋李纲《梁溪集》），称为“衔蝉”（出自北宋陶穀《表异录》）。因为其高超的捕鼠能力，又称为“鼠将”（出自《清异录》）。因为爱撒娇，称为“雪姑”（出自《清异录》），又称为“女奴”（出自《采兰杂志》）。因为长相奇特，称为“白老”（出自北宋徐铉《稽神录》），称为“昆仑妲己”（出自《表异录》）。

猫名“乌圆”（《格古论》①），又名“狸奴”（《韵府》②），又美其名曰“玉面狸”（《本草集解》③），曰“衔蝉”（《表异录》④），又优其名曰“鼠将”（《清异录》），娇其名曰“雪姑”（《清异录》），曰“女奴”（《采兰杂志》），奇其名曰“白老”（《稽神录》），曰“昆仑妲己”（《表异录》）。——［清］黄汉《猫苑·名物》

---

① 《格古要论》，明曹昭著。

② 《韵府群玉》，元阴劲弦、阴复春编。

③ 《本草集解》，南朝梁陶弘景著。

④ 《表异录》，明王志坚著。

小贴士

此段文字多有不通之处，一则混淆通名（如乌圆、狸奴，是所有猫的通用别称）与私名（如雪姑、昆仑妲己，是特定猫的名字），二则出处可商（今于译文中订正，仅供参考）。其中“玉面狸”通常是指果子狸，但白话小说《西游记》中牛魔王之妾“玉面狸精”（书中或美称为“玉面公主”）、“万岁狐王”之女，则是狐狸。但古人常常不在乎这些，私名也可用作通名，通名有时也用作私名，出处说不清也不是太大的问题。

◎惊兽

猫是容易受惊的动物，“惊兽”可以对“劳虫”，蚂蚁又叫“劳虫”。

猫为惊兽，可对劳虫，蚁一名劳虫。——［清］黄汉《猫苑·灵异》引姜午桥（兆熊）云

◎清耗尉

清人檀萃曾经说过：“南朝宋人袁淑在《俳谐文》里封驴为‘庐山公’，封猪为‘大兰王’，但这两种家畜愚蠢污秽不堪，怎能当得起这些封号？像猫狗对世人有功，反而没有名号，这是典籍的重大缺憾。”因而戏封猫为“清耗尉”，狗为“宵警尉”，很有韵致。这是张讯渡先生告诉我的。

昔檀默斋尝谓：“袁淑册封驴为庐山公，豕为大兰王，此二

畜蠢秽不堪，何克当此？若猫犬有功于世，反无名号，殊为阙典。”因戏封猫为“清耗尉”，犬为“宵警尉”，甚有韵致。此张讯渡先生述于余者。——［清］黄汉《猫苑·故事》引王朝清《雨窗杂录》

◎分三等

清代丁杰曾经把猫分成三个等级，并且起了美好的名字。比如纯黄色的，叫“金丝虎”，叫“戛金钟”，叫“大滴金”；纯白的，叫“尺玉”，叫“宵飞练”；纯黑的，叫“乌云豹”，叫“啸铁”；花斑色的，叫“吼彩霞”，叫“滚地锦”，叫“跃玳”，叫“草上霜”，叫“雪地金钱”；狸花斑驳的，就有“雪地麻”“筝斑”“黄粉”“麻青”等名。

丁仲文（杰）尝分猫为三等，并立美名。如纯黄者，曰“金丝虎”，曰“戛金钟”，曰“大滴金”；纯白者，曰“尺玉”，曰“宵飞练”；纯黑者，曰“乌云豹”，曰“啸铁”；花斑者，曰“吼彩霞”，曰“滚地锦”，曰“跃玳”，曰“草上霜”，曰“雪地金钱”。其狸驳者，则有“雪地麻”“筝斑”“黄粉”“麻青”诸名。——［清］黄汉《猫苑·名物》

◎猫封

猫狗的封号问题，我（黄汉）曾经跟王荫斋县令说过，认为猫可以封“都尉”，然而还不足以说明猫的优点，因而加封为“书城防御使”，兼“尚衣监太仓中郎将”，世袭万户侯罔替，这样才算允当。于是王荫斋嘱托我代写诰文。

这种高雅的人与事，不能不记下来。王荫斋名叫曾樾，是直隶府有名的举人，道光二十七年（1847）出任江西长宁县令的时候，我在他幕下当差。公事之余闲谈时，说到这个话题。第二年荫斋丁忧返乡，我也回到南方。后来我编纂《猫苑》时，翻了翻书箱，发现当时拟写的稿子还在，附录在这里，用来博君一粲。

承蒙门第的恩德，谁是出类拔萃的人材？捕鼠除害于里巷，本是不一般的功绩。刚劲也不外露，严肃又温柔。已是深夜仍不忘忧惧，太阳升起之后也能和谐。尊敬的猫啊！你属于麒麟所统的兽族，独揽雄姿；在竞技场中显示高超的技能，长久以来人们推崇你的灵敏迅捷。耳聪目明而没有差错，睿智干练值得嘉赏；吃老鼠还会扒皮，棱角细微处也很整齐。况且狗倚门狂吠不够文明，详说疯狗应该下锅烹；恨狗在路上伤人，力陈疯狗该杀。所以猫的贤名日益显著，可以期待鼠患永除。所以爪牙有用，猫的威风早早树立在王侯之家；尽力抓捕，老鼠偷吃的现象在民宅中全部消失。有功但不矜夸，赏赐则应该从优。可以特封为“清耗都尉”“书城防御使”，兼“尚衣监太仓中郎将”，世袭万户侯罔替。呜呼！爬高不怕危险，飞腾起来常常超过房梁；守护家宅没有过失，进进出出不肯践踏篱笆。表现突出而忠贞不渝，一点都不懈怠。书房永不受害，可以给猫一个字的长久褒奖；衣橱里的衣服也无碍，哪里会有徒然脱去三次的羞辱。况且神社中已经清除了倚仗神威的老鼠，不用再考虑烟熏；仓库中的红粟多到放至腐烂，怎用担心老鼠肆虐。考察功绩更要写上老鼠化为鴽鸟，记

录功勋不羞于美称。允许猫睡觉时用双层的毛毡，食物中增加鲜鱼。深刻执行迎娶时的任命，勉励猫捕鼠的初心；不要糟践了人的恩泽，怀有异心。

猫犬之封，予尝述之于王荫斋明府，以为猫可称“都尉”，然犹不足以尽其长，因加以“书城防御使”，兼“尚衣监太仓中郎将”，世袭万户侯罔替，尤为允当。于是属汉代拟诰文，韵人韵事，不可不记也。王荫斋名曾樾，直隶名孝廉，道光丁未权江西长宁县篆时，汉在其幕中。公余闲话，戏谈及此。明年荫斋奉讳北旋，予亦南迈。今有《猫苑》之编，搜箧中，则代拟之诰稿尚存，附录于此，用以博粲。

承恩阀阅，谁为出类之材？除害间阎，本重非常之绩。盖刚亦不吐，厉而能温。既夕惕之弗忘，自日升之允叶。咨尔猫公！系分麟族，独擅雄姿；技奏驹场，久推灵捷。聪耳目而无有或爽，明干可嘉；弃皮毛而不食其余，廉隅亦饬。矧夫陋彼倚门狂吠，备言猘犬之当烹；憎其夺路横伤，极谓贪狼之可杀。用是贤声益著，可期耗类永清。是故爪牙寄任，虎威早树于王家；搏击宣劳，鼠窃全消于民户。功而不伐，赏则宜优。可特封为清耗都尉、书城防御使，兼尚衣监太仓中郎将，世袭万户侯罔替。於戏！高而不危，飞腾常超彼梁栋；守而弗失，出入肯越乎藩篱？卓著贞恒，悉捐逸豫。书城永固，可长邀一字之褒；衣库无伤，岂枉有三褫之辱。况已社清凭祟，不待议熏；仓足腐红，奚虞肆劫。考绩更书夫駕化，策勋靡忝于麟称。允宜眠锡重毡，食增鲜脍。诞敷贲命，勉尔初心；毋蹈屯膏，膺兹异数。——［清］黄汉《猫苑·故事》汉按

私名

◎佳名

晚唐人张抟喜欢猫，他的猫第一只叫“东守”，第二只叫“白凤”，第三只叫“紫英”，第四只叫“怯愦”，第五只叫“锦带”，第六只叫“云图”，第七只叫“万贯”，这些都是价格不菲的猫，次一些的猫则数不胜数。

张抟好猫，其一曰东守，二曰白凤，三曰紫英，四曰怯愦，五曰锦带，六曰云图，七曰万贯，皆价值数金，次者不可胜数。——［明］董斯张《广博物志》引《记事珠》

◎衔蝉奴[1]

后唐的琼花公主，自小养起来的两只猫，一雌一雄，有一只雪白的（雄猫）叫“衔花朵”，另外一只（雌猫）是白尾黑猫，公主管它叫“麝香騟（yú）妲己[2]”。

后唐琼花公主，自丱（guàn）角养二猫，雌雄各一，有雪白者曰“御花朵”，而乌者惟白尾而已，公主呼为“麝香騟妲己”。——［北宋］陶穀《清异录》

---

① “衔蝉奴”是原书题，但不见于正文。

② 《清异录》前文有马名“麝香騟”，騟为紫色（或说杂色）马。妲己，美人的代称。

◎**白雪姑**

宋初我（陶穀）在京城的时候，见到大街上有人张贴小告示说："虞大博家里丢失了一只白毛的猫，小名叫白雪姑。"

余在辇毂，至大街见揭小榜曰："虞大博宅失去猫儿，色白，小名白雪姑。"——［北宋］陶穀《清异录》

"小名白雪姑"一作"名曰雪姑"，一作"名雪姑"。

◎**佛奴**

明朝太后的猫知道念经，因此得了"佛奴"的封号。我（黄汉）认为猫睡觉时发出呼噜噜的声音，就像念经，并非真的懂得念经。然而因此受到太后的恩宠，而得到"佛奴"的封号，岂非猫里的特例？

前朝太后之猫，能解念经，因得佛奴之号。余谓猫睡声喃喃，似念经，非真解念经也。然而因此受太后圣宠，而得佛奴之懿号，庸非猫之异数也欤？——［清］黄汉《猫苑·灵异》引刘月农（荫棠）云及"汉记"

◎**斑奴**

我（黄仲安）曾得到一只猫，长着黄白异瞳，花纹杂乱，外貌虽然丑但性情温顺，擅长捕鼠，进门时间不长，老鼠就绝迹了，因此得了一个雅号叫"斑奴"。可惜养了

［清］屈兆麟《猫戏蝴蝶花》

〔清〕任熊《蕉阴睡猫》

不到半年，忽然就死了，大概是因为拴得时间太长了。遇上好猫，人们都怕它跑掉。与其拴着损伤猫的筋骨，不如用大笼子装起来。

年前余得一猫，金银眼者，花纹杂出，貌虽恶而性驯，善于捕鼠，进门未几，鼠遂绝迹，因呼之曰“斑奴”。惜养未半年，遽死焉，盖因久缚故耳。佳猫多惧其逸。与其缚而损其筋骨，何如用大笼笼之耶？——［清］黄汉《猫苑·灵异》引薫仁（黄仲安）又云

◎猫格

郑烺（lǎng），永嘉（今浙江温州）人氏，用官名拟写了猫的各种特点以示区别。比如“小山君”“鸣玉侯”“锦带君”“铁衣将军”“麴（qū）尘郎”“金眼都尉”。至于“雪氅仙官”“丹霞子”“鼾灯佛”“玉佛奴”等带宗教色彩的名字，就更富有韵味了。

郑荻畴（烺），永嘉人，拟撰猫格，以官名别之。如“小山君”“鸣玉侯”“锦带君”“铁衣将军”“麴尘郎”“金眼都尉”。至于“雪氅仙官”“丹霞子”“鼾灯佛”“玉佛奴”诸称，则以仙佛名之，更饶韵致。——［清］黄汉《猫苑·名物》

◎极雅

猫的别名，在古代有极其雅致的。相传唐代僧人贯休有只猫名叫“梵虎”，宋代道士林灵素有只猫名叫“吼金鲸”，明末金正希有只猫名叫“铁号钟”，清代于敏中有只

猫名叫“冲雾豹”。有人说，吴世璠（吴三桂之孙）兵败之后，有三只猫被官军得到，猫脖颈上都悬挂有小牌，一只写着“锦衣娘”，一只写着“银睡姑”，一只写着“啸碧烟”，都是上好的品种。我（黄汉）过去的朋友，比如陈镜帆先生，有只猫叫“天目猫”；周藕农在河南当县令的时候，有只猫叫“一锭墨”；淳安人太学周爽庭，有只猫叫“紫团花”；泰顺人廷议官董晋庭，有只猫叫“干红狮”。这跟遂安人朱小阮的“鸳鸯猫”，萧山人沈心泉的“寸寸金”，名字雅得不相上下。

猫之别称，在古有极雅者。相传唐贯休有猫名“梵虎”，宋林灵素有猫名“吼金鲸”，金正希有猫名“铁号钟”，于敏中有猫名“冲雾豹”。或云，吴世璠败后，有三猫为军校所得，颈有悬牌，一曰“锦衣娘”，一曰“银睡姑”，一曰“啸碧烟”，皆佳种也。然余今昔交游，如陈镜帆广文，有猫曰“天目猫”；周藕农令河南时，有猫曰“一锭墨”；淳安周爽庭太学，有猫曰“紫团花”；泰顺董晋庭廷诣，有猫名“干红狮”。是与遂安朱小阮之“鸳鸯猫”，萧山沈心泉之“寸寸金”，先后颉颃焉。——［清］黄汉《猫苑·名物》汉按

此条所谓的“相传”猫名，可能是作者杜撰或误传，然而也确实雅致。

◎八白

清中晚期，玉环厅（今浙江台州玉环市）某同知，养了八只猫，都是纯白色的，号称“八白”。经常放在紫竹做的稀眼柜子里，柜子分四层，每层住两只猫。出门不管远近，一定带在身边。这也可以说是爱猫爱到极致了。

近年玉环厅某司马，有八猫，皆纯白色，号“八白”。常用紫竹稀眼柜笼之，分四层，每层居二猫。行动不分远近，必携以从。此亦可谓酷于好矣。——［清］黄汉《猫苑·故事》汉按

名猫非猫

◎猫头鞋

明崇祯五年至六年（1632—1633），皇宫中的女眷常常在鞋子上绣着兽头，以此来辟除不祥，名之为“猫头鞋”。有见识的人说：“猫”谐音“旄”，这是战争的征兆。

五六年间，宫眷每绣兽头于鞋上，以辟不祥，呼为“猫头鞋”。识者谓：“猫”，“旄”也，兵象也。——［清］王誉昌《崇祯宫词》

《崇祯宫词》本词（及自注）为：“白凤装成鼠见愁，（《记事珠》：张抟好猫，一曰白凤。）湘钩碧繶锦绸缪。（温庭筠《锦鞋赋》：碧繶湘钩。）假将名字除灾祲，何不呼为伏虎头。（《古今注》：汉有伏虎头鞋。）”

◎船锚

船上用来抓泥固定船身的工具叫作錨，读茅音。

船上拿泥铁器曰錨，音茅。——［明］焦竑《俗书刊误》

《猫苑》引此文作："铁猫，船椗也，猫或作锚。"古书中此字多作"猫"，罕见"锚"，未见"錨"。黄汉又言："船椗，粤人呼为'铁猫（náo）'，盖猫亦猫类也。"这就是臆说了，其所谓"猫"不过是"猫"的音变而已。

◎火猫

清代温州农村人，冬天都会用泥土做成开口的器皿来生火。器背隆起，上面挖着许多小洞，用来散发热气，器名"火猫"，男女老少都用它来御寒。

瓯中田野人家，冬日悉抟土为器，开口纳火。其背穹，背上多挖小孔，以升火气，名曰"火猫"，男妇老少各以御寒。——［清］黄汉《猫苑·名物》引王朝清《雨窗杂录》

◎泥猫

陈笙陔说："清代杭州人每逢五月初一，就会爬上半山腰去看船赛，届时一定会到娘娘庙里买泥猫带回家，不知有什么用意。猫是泥做的，涂上颜色，大小不一。"吴杏林说："养蚕的人家，多数买泥猫来祛除老鼠。"

陈筌陔云："杭州人每于五月朔，半山看竞渡，必向娘娘庙市泥猫而归，不知何所取义。猫为泥塑，涂以彩色，大小不等。"吴杏林云："养蚕人家，多买以禳鼠。"——［清］黄汉《猫苑·名物》

◎禽、兽、虫、蔬、药、草

鸟类中有"猫头鸟"，就是鸮鸟；鸮也写作枭，又叫鵩。

兽类里有"水猫"，就是水獭。

虫类里有"枣猫"，生在枣树上，等枣子熟了就吃掉枣子。

蔬菜类里有"猫头笋"，又有"狸头瓜"。

蔬菜类里还有"狸豆"。

药类中有"斑猫"；还有枸骨，也叫"猫儿刺"，因为样子像。

草类中有"猫毛"，出自镇平县（今广东梅州）。

禽之属，有名"猫头鸟"者，即鸮也；鸮或作枭，一名鵩。(《巴蜀异物志》)

兽之属，有名"水猫"，即獭也。(李元《蠕范》)

虫之属，有名"枣猫"，生枣树上，枣熟则食之。(《本草纲目》)

蔬之属，有"猫头笋"(《黄山谷集》)，又有"狸头瓜"。(郭义恭《广志》)

蔬之属，又有狸豆。(《本草》。崔豹《古今注》："狸豆，一名狸沙。”）

药之属，有斑猫（《本草》），又枸骨，一名猫儿刺，以其象形也。（同上）

草之属，有名“猫毛”，出镇平县。（黄香铁待诏《乡园诗》：“草茵拾猫毛。”《读白华草堂诗集》）——［清］黄汉《猫苑·名物》

◎地名

外洋有个国家叫“合猫里”（今菲律宾吕宋岛南部之甘马怜）。航海者说：“要想富，就找猫里务（今吕宋岛南之布里亚斯岛）。”尤侗《外国竹枝词》：“网巾礁上荡渔舟，亦有山田十斛（hú）[①]收。要富须寻猫里务，贫儿何用执鞭求？”

用猫字做地名的，吕宋国（在今菲律宾群岛北部）中有个小岛叫“猫雾烟”，这是黄钊说的。播州（今贵州遵义）有个瑶族人的洞穴，名叫“木猫”，见于《元史·郭昂传》。钦州（今属广西）通往越南的港口，有个名叫“猫儿港”的地方，见于《词翰法程》。桂林府北门外有个“猫儿门”，见于《广西通志》。杭州城里有个“猫儿桥”，见于《杭州府志》。广东的大埔县有个“猫儿渡”，见于《潮州府志》。浙江温州雁荡山上有座山峰叫“望天猫”（今伏虎峰）。袁枚的诗说：“仙鼠飞上天，此猫心不许。意欲往擒之，望天如作语。”

凡是用猫命名的，固然不一而足。山有猫儿岭、猫儿

---

① 斛，量词，五斗为一斛。

岩、猫儿洞；水有猫儿港、猫儿渎。这种小地名各处都有。至于杂物，就有猫儿灯、猫儿窗、猫儿裤，此外小孩子玩的，就有泥塑猫、木雕猫、纸糊猫。姑苏的印画店里，还有《猫拖绣鞋图》；磁器店里，又有猫形尿壶。台湾的诸罗县有猫罗山、猫雾山，蓝鼎元《东征记》里有记载。

外夷有国，名“合猫里”。舶人语云：“若要富，须寻猫里务。”尤悔庵《外国竹枝词》：“网巾礁上荡渔舟，亦有山田十斛收。要富须寻猫里务，贫儿何用执鞭求？”——［清］黄汉《猫苑·名物》引《龙威秘书》

地名以猫称者，吕宋国小岛有名“猫雾烟”，此家香铁待诏述。播州有猺人洞，名“木猫”，见《元史·郭昂传》。钦州入安南路，有“猫儿港”，见《词翰法程》。桂林府北门外有“猫儿门”，见《广西通志》。杭州城内有“猫儿桥”，见《杭州府志》。广东大埔县有“猫儿渡”，见《潮州府志》。雁荡山，峰有名“望天猫”。袁子才诗云：“仙鼠飞上天，此猫心不许。意欲往擒之，望天如作语。”——［清］黄汉《猫苑·名物》汉按

凡以猫命名者，固不一而足，山则有猫儿岭、猫儿岩、猫儿洞；水则猫儿港、猫儿渎。此等小地名，随在皆有。至于杂物，则猫儿灯、猫儿窗、猫儿裤之外，为小儿戏耍者，乃有泥塑猫、木雕猫、纸糊猫。而姑苏印画店有《猫拖绣鞋图》，而磁器店又有猫形溺瓶也。台湾诸罗有猫罗、猫雾二山，见蓝鹿洲《东征集[1]》。——［清］黄汉《猫苑·名物》引永嘉陈寅东巡尹（杲）曰

① 集字误，当为记。

◎画猫

陆游诗："鱼餐虽薄真无愧，不向花间捕蝶忙。"自注："道士李胜之曾画《捕蝶猫儿图》来讥刺世人。"又按：《宣和画谱》记载："华阴人李蔼之擅长画猫。现在（北宋末年）皇宫里收藏的有其《戏猫》《雏猫》，还有《醉猫》《小猫》《虿猫》等图，总共有十八幅。"这个李蔼之也许就是李胜之吧？《宣和画谱》又记载："何尊师专门画猫，曾经说过猫很像虎，唯独耳朵大、眼睛黄这两点不一样。可惜何尊师只工于画猫，没把题材扩充到虎，大概只是寄寓于此来游戏人间吧。"《宣和画谱》又记载："滕昌祐画有《芙蓉猫儿图》。"又："王凝画有《鹦鹉》和《狮猫》等图，不只是外形酷肖，同时还兼有富贵的气质，可谓别具一格。"宋代人又有《正午牡丹图》，不知是谁画的，见陆佃《埤雅》。清代画家禹之鼎有《摹元大长公主抱白猫图》，现在收藏在吴秉权家里。吴秉权说："画里面的公主身材修长，猫纯白如雪，只是眼睛是红色的。"近世流传的又有《猫蝶图》，大概是取"猫蝶"的谐音"耄耋"的意思，用来祝寿。曾衍东有《自题画猫》诗说："老夫亦有猫儿意，不敢人前叫一声。"好像是谨慎发言、有所忌讳的意思。曾衍东是山东人，在湖北当县令，嘉庆年间因事流落到温州。他工于诗画，自号七道士，又名曾七如。

陆放翁诗："鱼餐虽薄真无愧，不向花间捕蝶忙。"自注："道士李胜之尝画《捕蝶猫儿图》以讥世。"[1]又按：《宣和画谱》

---

① 此句为方便讲述，自前文移至此。

载:“李蔼之，华阴人，善画猫。今御府所藏有《戏猫》《雏猫》及《醉猫》《小猫》《蛩猫》等图，凡十有八。”此李蔼之，或即李胜之欤？而《宣和画谱》又载:“何尊师，以画猫专门。尝谓猫似虎，独耳大眼黄不同。惜乎尊师不充之以为虎，止工于猫，殆寓此以游戏耶？”又载:“滕昌祐有《芙蓉猫儿图》。”又:“王凝为《鹦鹉》及《狮猫》等图，不惟形象之似，亦兼取其富贵态度，盖自是一格。”宋人又有《正午牡丹图》，不知谁画，见《埤雅》。禹之鼎有《摹元大长公主抱白猫图》，今藏吴小亭（秉权）家。小亭云:“画中公主长身，其猫纯白如雪，惟眼赤色。”近世所传，又有《猫蝶图》，盖取耄耋之意，用以祝嘏耳。曾衍东有《自题画猫》云:“老夫亦有猫儿意，不敢人前叫一声。”若有戒于言也。曾，山东人，令湖北，嘉庆间缘事流戍温州。工诗画，自号七道士，又称曾七如。——［清］黄汉《猫苑·名物》汉按

◎人名

古往今来用猫命名的人，想来不在少数，然而众书中很少有记载。至于用狸命名的，《左传》里有季狸，又见于《集圣贤群辅录》。北魏太武帝拓跋焘小名佛狸，《北史》中有记载。

清道光（1821—1850）初年，浙江慈溪县（今慈溪市）有件冤案，其中有个民女叫作阿猫，《刑部例案》中有记载。

古今来以猫命名，谅不乏人，然而群书鲜有载者。若以狸

命名者,《左传》则有季狸，亦见《群辅录》。魏道（太）武小字佛狸，见《北史》。——［清］黄汉《猫苑·名物》引张槐亭（集）云

浙江慈溪县道光初年冤狱，有民女名阿猫，见《刑部例案》。——［清］黄汉《猫苑·名物》

◎皆云狸

《诗经》的逸篇中有《狸首》,《仪礼》中有记载。古代的歌曲中有《狸首》,《礼记·檀弓》中有记载。到《左传》中有“狸制”（狸皮大衣），说的是黄狸皮。《周礼》中有“狸步”，用来丈量射箭时箭靶与射者间的距离。另外还有“狸席”，婕妤给皇后进献的贺礼中有绿毛狸的席子,《飞燕外传》中有记载。这些说的都是狸而没有说猫。

《逸诗》有《狸首篇》，见《仪礼》。古歌有《狸首》，见《檀弓》。至《左传》有“狸制”，盖黄狸皮也。《周礼》有“狸步”，以量侯道者也。又狸席，婕妤上皇后贺仪有绿毛狸席，见《飞燕外传》。此皆云狸而非云猫也。——［清］黄汉《猫苑·名物》引丁仲文云

七　唐、五代及以前的猫咪故事

解题

人与万物相互牵合，事情就会发生。年代已久但没被遗忘，就成了掌故。猫和人相互牵涉的事有很多。俗话说『前事不忘』，君子要从古代事件中获取经验；奇异的传闻值得收录，学者要在现在做下记录。所以我这样孜孜不倦。因此特辑录《故事》一篇。

人物相因缘，则事端生焉。历劫不磨，遂成掌故。猫之系于人事亦多矣。语云『前事不忘』，君子取鉴于古；异闻足录，学者结绳于今。吾故用是孜孜焉。辑《故事》。——［清］黄汉《猫苑·故事》

小贴士　黄汉所谓『故事』指的是『典故』，不同于今天普通意义上的『故事』的概念。今重组并按年代分为三篇。

唐前

◎狸见于屋

一次孔子在屋里演奏瑟，曾子和子贡在门外听。一曲奏罢，曾子说："哎，老师的瑟声之中大概有'贪狼之志，不正之行'。其中不仁而趋利的味道，怎么这么重呢？"子贡觉得曾子说得对，但他没有说话，随后走进屋中。孔子看到子贡好像有什么想要批评他的，但他又表现得不好意思，于是孔子把瑟放下，等子贡说话。子贡就把曾子的话告诉了孔子。孔子说："啊！曾参真是天下贤才啊，擅长听出音乐中的意涵。刚才我演奏瑟的时候，屋里恰巧有一只老鼠出洞来，狸也出现在屋中，狸顺着房梁缓缓而行，老鼠一见赶紧避开。狸瞪着大大的眼睛，弓着背，就是没抓住。我演奏时沉浸在当时的情景之中，就表现了出来。曾参说我'贪狼不正'，说得对呀！"《诗经·小雅·白华》里面说："在屋子里面敲钟，声音可以传到外面。"

昔者，孔子鼓瑟，曾子、子贡侧门而听，曲终，曾子曰："嗟乎！夫子瑟声殆有贪狼之志，邪僻之行。何其不仁趋利之甚？"子贡以为然，不对而入。夫子望见子贡有谏过之色，应难之状，释瑟而待之，子贡以曾子之言告。子曰："嗟乎！夫参，天下贤人也，其习知音矣！乡者，丘鼓瑟，有鼠出游，狸见于屋，循梁微行，造焉而避，厌目曲脊，求而不得。丘以瑟淫其音，参以丘为贪狼邪僻，不亦宜乎！"诗曰："鼓钟于宫，声闻于外。"——［西汉］韩婴《韩诗外传》

◎猫方取鼠

某个白天，孔子在屋里休息时取琴而弹。弟子闵子骞在屋外听到，对曾子说："以前老师的琴声清澈而和美，达到了至上境界；可现在变成了幽隐深沉的声音了。幽隐则将生发利欲，深沉则将放纵贪心。老师是感应到了什么而产生了这种情况呢？我跟您进去问问吧。"曾子说："好。"二人进去问孔子，孔子说："是啊，你们说得对，我确实有这些表现。刚才我看到一只猫正在捕鼠，心里想让猫成功，所以在音乐上表现了出来。你们两个是谁听出来的？"曾子说："是闵子骞。"孔子说："闵子骞可以和我一起听音乐了。"

孔子昼息于室，而鼓琴焉。闵子自外闻之，以告曾子曰："向也夫子之音清彻以和，沦入至道，今也更为幽沉之声。幽则利欲之所为发，沉则贪得之所为施。夫子何所之感若是乎？吾从子入而问焉。"曾子曰："诺。"二子入问夫子。夫子曰："然，女言是也，吾有之。向见猫方取鼠，欲其得之，故为之音也。女二人者孰识诸？"曾子对曰："闵子。"夫子曰："可与听音矣。"——[西汉]孔鲋《孔丛子·记义第三》

◎牛鼠、马鼠

你没见过狸猫、黄鼬吗？狸猫和黄鼬低伏着身体等待路过的猎物，各处跳跃，高下不惧，最后中了人类的机关，死在罗网之中。牦牛的身体大得像垂在天边的云彩，如此之大，但却不像狸猫和黄鼬那样能够捕鼠。

骏马一日千里，跑得很快，但要论捕鼠能力，却不如狸猫和黄鼬，这是技能不同。

子独不见狸狌乎？卑身而伏，以候敖者；东西跳梁，不辟高下；中于机辟，死于罔罟。今夫斄牛，其大若垂天之云。此能为大矣，而不能执鼠。——［战国］《庄子·逍遥游》

骐骥骅骝，一日而驰千里，捕鼠不如狸狌，言殊技也。——［战国］《庄子·秋水》

古书中甚多此类“牛鼠”“马鼠”之说，今不备录。

◎猫鬼

隋文帝之皇后独孤伽罗的异母弟独孤陁（tuó），字黎邪[1]。在北周任职时，独孤陁就攀附权贵。后来因为其父亲的缘故，独孤陁被贬入蜀地生活了十多年，宇文护被灭之后，才回到长安。隋文帝取代北周建立隋朝登基为帝之后，拜独孤陁为上开府，兼任左右将军，后来转为延州刺史。他喜欢旁门左道，先前就有他外祖母高氏养猫鬼，已经杀了他舅舅郭沙罗，因而将猫鬼转移到独孤陁家来养。隋文帝略微听说过此事，但没有相信。

后来赶上独孤皇后和越国公杨素（隋文帝杨坚的弟弟）

① 黎邪，有可能就是“阿黎耶”，佛教音译词。然而，黎与狸音近，邪与鬼义通，“黎邪”可以在字面上附会“猫鬼”。

的妻子郑氏都染上了病，找来御医，御医说：“这是猫鬼之疾。”文帝因为独孤陁是独孤皇后的异母弟，独孤陁的妻子又是杨素的异母妹，因此怀疑是独孤陁在搞鬼。暗中让他哥哥独孤穆提醒他，后来文帝还自己亲自屏退左右，提醒独孤陁注意检点，独孤陁都表示自己没有做坏事。文帝不高兴了，就把独孤陁的官贬至迁州刺史。这使独孤陁口出怨言，隋文帝这才让左仆射高颎（jiǒng）、纳言苏威、大理正皇甫孝绪、大理丞杨远等来调查“猫鬼”之案。

独孤陁的婢女徐阿尼说：“我本是从独孤陁母亲家来的，经常养猫鬼，每次都是在子日的夜里祭祀。”地支中的子对应的是鼠。猫鬼每次杀人之后，被害者家中的财物都会被悄无声息地转移到养猫鬼的人家。独孤陁一次在家中找酒喝，他的妻子却说“没钱买酒”。然后独孤陁就命令徐阿尼说：“让猫鬼到越国公杨素家里，把他家的钱转移到我家来。”于是徐阿尼通过念咒，让猫鬼几天之后就到了杨素家里。后来文帝刚从并州回长安时，独孤陁在家中后园对徐阿尼说：“你让猫鬼到皇后的宫里去，使皇后多多赏赐我钱财。”徐阿尼又一次念动咒语，猫鬼便来到皇宫中。

大理丞杨远就在门下外省（官署名）中让徐阿尼把猫鬼召唤来。于是这天深夜，徐阿尼准备了一盆香粥，一边用汤匙敲打，一边念道：“猫女可来，无住宫中。”过了一段时间，徐阿尼变得面色铁青，好像被人拉拽，这时她告诉人们猫鬼已经来了。

文帝将这件事与公卿大臣商议，奇章公牛弘说：“妖异之事因人而生，杀了作妖的人，妖异就灭绝了。”文帝下令

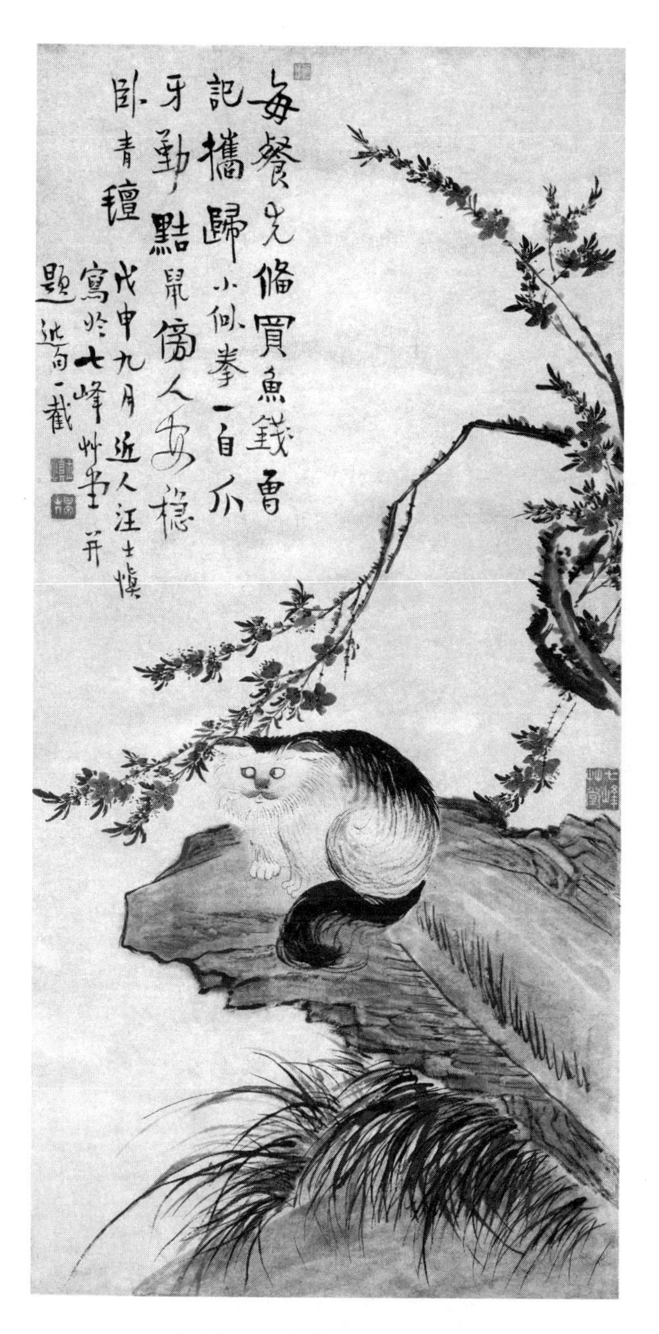

［清］汪士慎《猫石桃花图轴》

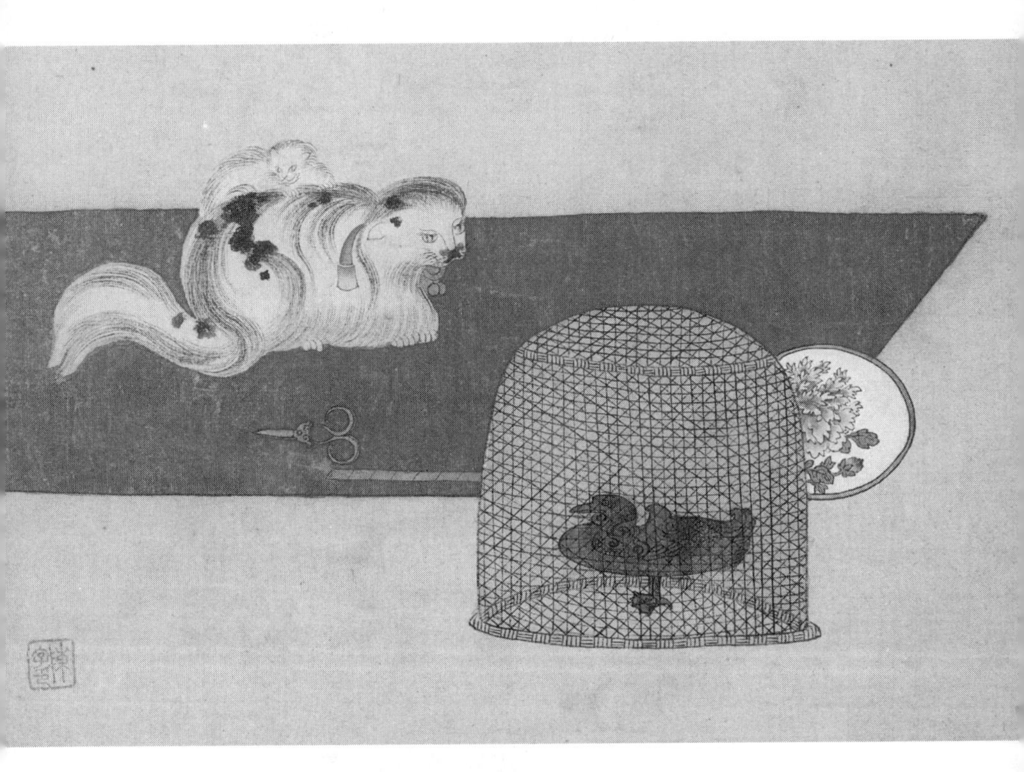

［清］陈字《文房集锦册·翠毯眠狸》

用牛犊拉的车装载着独孤陁夫妻，计划在他家中将他们赐死。独孤陁的弟弟司勋侍中独孤整来到金殿上哀求，文帝这才免了独孤陁的死罪，只将其官职免去，让他妻子杨氏出家为尼。早先，有人报案说自己的母亲被猫鬼杀了，文帝认为那是妖邪虚妄之言，生气地拒绝受理此案。到如今，文帝下令查办被告养猫鬼的家庭。

独孤陁不久之后就死了。隋炀帝即位之后，追念自己的舅舅，就以高规格安葬了独孤陁，还下诏追赠他正议大夫。如此，炀帝还是不能满足，又赠予他银青光禄大夫。

陁字黎邪。仕周，胥附上士。坐父徙蜀十余年，宇文护诛，始归长安。隋文帝受禅，拜上开府、领左右将军，累转延州刺史。陁性好左道，其外祖母高氏先事猫鬼，已杀其舅郭沙罗，因转入其家。上微闻而不信。

会献皇后及杨素妻郑氏俱有疾，召医视之，皆曰："此猫鬼疾。"上以陁，后之异母弟，陁妻，杨素之异母妹，由是意陁所为。阴令其兄左监门郎将穆以情喻之，上又避左右讽陁，陁言无有。上不说，左转迁州刺史。出怨言，上令左仆射高颎、纳言苏威、大理正皇甫孝绪、大理丞杨远等杂案之。

陁婢徐阿尼言：本从陁母家来，常事猫鬼，每以子日夜祀之。言子者鼠也。其猫鬼每杀人者，所死家财物潜移于畜猫鬼家。陁尝从家中索酒，其妻曰："无钱可酤。"陁因谓阿尼曰："可令猫鬼向越公家，使我足钱。"阿尼便咒之，居数日，猫鬼向素家。后上初从并州还，陁于园中谓阿尼曰："可令猫鬼向皇后所，使多赐吾物。"阿尼复咒之，遂入宫中。

杨远乃于门下外省遣阿尼呼猫鬼，阿尼于是夜中置香粥一盆，以匙扣而呼曰："猫女可来，无住宫中。"久之，阿尼色正青，若被牵拽者，云猫鬼已至。

上以其事下公卿。奇章公牛弘曰："妖由人兴，杀其人，可以绝矣。"上令犊车载陁夫妻，将赐死于其家。陁弟司勋侍中整诣阙求哀，于是免陁死，除名，以其妻杨氏为尼。

先是有人讼其母为人猫鬼所杀者，上以为妖妄，怒而遣之。及此，诏诛被讼行猫鬼家。陁未几而卒。炀帝即位，追念舅氏，听以礼葬，乃下诏赠正议大夫。帝意犹不已，复赠银青光禄大夫。——［唐］李延寿《北史》

◎家养老猫

隋炀帝大业（605—616）后期，猫鬼事件兴起，每家都养老猫行压魅巫术，十分神奇灵验，使得人们相互诬陷告发，京城和各郡县中因此被诛杀的有几千家，蜀王杨秀等人都因此被法办。隋朝灭亡之后，猫鬼事件也就消歇了。

隋大业之季，猫鬼事起，家养老猫为厌魅，颇有神灵，递相诬告，京都及郡县被诛戮者数千余家，蜀王秀皆坐之。隋室既亡，其事亦寝。——［唐］张鷟《朝野佥载》

此说与正史所说互相矛盾，但可信度未必更低。

唐

◎从尾食之

唐贞观（627—649）年间，恒州（治所在今河北正定）有彭闼、高瓒二人，以豪侠相斗。在一次大型欢聚酒会上，二人在一个场地上比拼。彭闼活捉来一只小猪，从头咬到脖子，然后把小猪放到地上，小猪仍能跑动。高瓒捉来一只猫儿，从尾部开始吃，吃到肚中肠皆尽，猫儿仍惨叫不止。于是彭闼心服口服了。

唐贞观中，恒州有彭闼、高瓒二人斗豪。于时太酺，场上两朋竞胜。闼活捉一豚，从头咬至项，放之地上仍走。瓒取猫儿从尾食之，肠肚俱尽，仍鸣唤不止。闼于是乎帖然心伏。——［唐］张鷟《朝野佥载》

◎吾作猫儿

唐高宗的萧淑妃刚被贬为庶人囚禁起来的时候，大骂道："我发愿让阿武变为老鼠，我变为猫儿，生生掐住她的喉咙。"武后大怒，从此以后皇宫中不再养猫。

庶人良娣初囚，大骂曰："愿阿武为老鼠，吾作猫儿，生生扼其喉！"武后怒，自是宫中不畜猫。——［后晋］刘昫等《旧唐书》

◎我后为猫

至于萧良娣那边，大骂道:“武氏妖媚主上，如此颠倒黑白。我将来要变为猫，让武氏变为老鼠，我定当掐着她的喉咙报仇。”武后听说后，下令让皇宫中不准养猫。

至良娣，骂曰:“武氏狐媚，翻覆至此！我后为猫，使武氏为鼠，吾当扼其喉以报。”后闻，诏六宫毋畜猫。——［宋］欧阳修、宋祁《新唐书》

◎天子妃

唐武后斩断王皇后和萧淑妃的手脚，放在酒缸中，说:“我要让这两个婢女的骨头都醉倒。”萧淑妃临死前说:“我发誓阿武转世为老鼠，我转世为猫，我要世世代代掐住她的喉咙。”也是可悲。南宋民间将猫叫作“天子妃”，大概就是出自这里。我（罗大经）自从读了唐代这段历史，每次见到猫抓住老鼠，都会感到痛快，认为人类的公愤，有的是千万年也不会磨灭的。我还写了一首诗,（大意）说:“破屋子偏偏被狡猾的老鼠霸占，猫儿虽然小但可以建立神奇的功绩。众人不要因为猫掐老鼠脖子时力气大而感到惊异，猫儿应该还记得当年被醉在酒缸时的仇恨。”

唐武后断王后、萧妃之手足，置于酒瓮中，曰:“使此二婢骨醉。”萧妃临死曰:“愿武为鼠吾为猫，生生世世扼其喉。”亦可悲矣。今俗间相传谓猫为天子妃者，盖本此也。予自读唐史此段，每见猫得鼠，未尝不为之称快，人心之公愤，有千万年而不可磨灭者。尝有诗云:“陋室偏遭黠鼠欺，狸奴虽小策勋奇。扼

喉莫讶无遗力，应记当年骨醉时。”——［南宋］罗大经《鹤林玉露》

依两《唐书》，萧淑妃发愿诅咒是在刚被捕时，并不是在临死前；“生生世世扼其喉”则是对“生生扼其喉”的演绎，原文“生生”似乎更接近“活活”，形容态度强烈。《鹤林玉露》的版本更加惨烈，当然比《唐书》更不可信。

◎不仁之兽

鹦鹉是聪慧之鸟，猫是不仁之兽。现在鹦鹉在猫儿背上飞舞，鸟嘴还去啄弄猫儿的面颊，攀援在猫儿身上，还用鸟爪去踩踏，随意玩弄欺凌，得意地跳着舞，而猫儿好像也跟着得意。该害怕的不害怕，不该忍受的却忍受，好像亲人和老朋友一样。我（阎朝隐）作为太子舍人，早晚侍奉在宫中，提前得见此事。武则天正以礼乐文章为功业，朝野祥和安乐，充满强力的人愿做奴仆，在宫外叩首的人日以万计。不久天下一统，真是聪慧的可以降服不聪慧的，仁德的可以降服不仁德的，这也是太平天下的明确表征。怕事后此事被人忘记，典籍中不会留下痕迹，所以我恭敬地写下一篇诗。

鹦鹉，慧鸟也；猫，不仁兽也。飞翔其背焉，啮啄其颐焉，攀之缘之，蹈之履之，弄之藉之，跄跄然此为自得，彼亦以为自得。畏者无所起其畏，忍者无所行其忍，抑血属旧故之不若。臣叨践太子舍人，朝暮侍从，预见其事。圣上方以礼乐文章为功业，朝野欢娱，强梁充斥之辈，愿为臣妾，稽颡阙下者日万计。寻而天下一统，实以为惠可以伏不惠，仁可以伏不仁，亦太平非常之明证。事恐久远，风雅所缺。再拜稽首为之篇。——［唐］阎朝隐《鹦鹉猫儿篇序》

小贴士

今按，其诗曰：霹雳引，丰隆鸣[①]，猛兽噫（ǎi）气蛇吼声[②]。鹦鹉鸟，同资造化兮，殊粹精。鹔（sù）鹴（shuāng）毛，翡翠翼，鹓（yuān）雏延颈，鹍（kūn）鸡弄色[③]。鹦鹉鸟，同禀阴阳兮，异埏（shān）埴[④]。彼何为兮，隐隐振振（zhēn zhēn）[⑤]；此何为兮，绿衣翠襟。彼何为兮，窘窘蠢蠢；此何为兮，好貌好音。彷彷兮徉徉[⑥]，似妖姬躧（xǐ）步兮动罗裳（cháng）[⑦]；趋趋兮跄跄[⑧]，若处子回眸兮登玉堂。爰有兽也，安其忍，觜其胁[⑨]，距[⑩]其胸，

---

① 霹雳、丰隆，雷神名，在此都表示雷。

② 噫气，吐气。蛇没有发声器官，这里用“蛇吼声”夸张地表达猫之凶猛，反衬鹦鹉之仁德。

③ 鹔鹴、翡翠、鹓雏、鹍鸡，都是古人认为比较神奇美好的鸟类，其中除翡翠（即翠鸟）外多不可确考。这里是说鹦鹉集合了各种鸟的优点。

④ 埏埴，陶冶、培育。句谓鹦鹉得到了造物者的特别关照。

⑤ 振振，战栗。这两句写猫儿，下两句写鹦鹉。

⑥ 彷彷兮徉徉，彷徉，徘徊。

⑦ 妖姬，美女。躧步，漫步。罗裳，罗制下衣。

⑧ 趋、跄，形容步趋中节。

⑨ 觜（同嘴）其胁，鹦鹉用嘴去触碰猫的腋下。

⑩ 距，这里指鹦鹉的爪子，用作动词。

与之放旷浪浪兮，从从容容。钩爪锯牙也，宵行昼伏无以当，遇之兮忘味。搏击腾掷也，朝飞暮噪无以拒，逢之兮屏气。由是言之，贪残薄则智慧作，贪残临之兮不复攫（jué）[①]。由是言之，智慧周则贪残囚，智慧犯之兮不复忧。菲（fěi）[②]形陋质虽贱微，皇王顾遇长[③]光辉。离宫别馆临朝市，妙舞繁弦杂宫徵（zhǐ）[④]。嘉喜堂前景福内，和欢殿上明光里[⑤]。云母屏风文彩合，流苏斗帐香烟起。承恩宴盼接宴喜。高视七头金骆驼，平怀五尺铜狮子。国有君兮国有臣，君为主兮臣为宾。朝有贤兮朝有德，贤为君兮德为饰。千年万岁兮心转忆。

◎鹦鹉同器

武周时期，曾调教得猫儿与鹦鹉在同一个餐具中进食，并命令御史彭先觉监管此事，给百官传看。没等全部传看完，猫儿饿了，就咬死鹦鹉吃掉了，则天皇帝因此非常惭愧。武在当时是国姓，大概鹦鹉的死是不祥的象征。

则天时，调猫儿与鹦鹉同器食，命御史彭先觉监，遍示百官及天下考使。传看未遍，猫儿饥，遂咬杀鹦鹉以餐之，则天甚愧。武者国姓，殆不祥之征也。——［唐］张鷟《朝野佥载》

---

① 攫，抓取。

② 菲，微、薄。

③ 长，增长。

④ 宫徵，音调。

⑤ 景福、明光，宫殿名。

［清］华喦《灵兽册》

［清］闵贞《杂画册》

◎伪孝

约唐武周时期，河东的孝子王燧家里，猫和狗互相为对方喂养幼崽，此事被州县长官上报到朝廷，王家遂受到表彰。其实是猫狗同时生产，王家把小猫放进狗窝，把小狗放进猫窝，猫狗吃惯了异种的奶，后来就习以为常了，大概不能当作祥瑞来看待。想来人世间所谓的连在一起生长的树，长在一起的瓜，一株麦子上长两根穗，一株稻穗有两根茎，根据这个就能知道更多的情况，其实有很多都是人为的，不足为怪。

这件事被冯梦龙《智囊补》收入“伪孝”条目之中。

河东孝子王燧家猫犬互乳其子，州县上言，遂蒙旌表。乃是猫犬同时产子，取猫儿置狗窠中，狗子置猫窠内，惯食其乳，遂以为常，殆不可以异论也。自连理木、合欢瓜、麦分歧、禾同穗，触类而长，实繁有徒，并是人作，不足怪也。——［唐］张鷟《朝野佥载》

此见《智囊补》，列于“伪孝”条。——［清］黄汉《猫苑·灵异》引倪豫甫（楙桐）又云

◎鼠妖

唐高宗龙朔元年（661）十一月，洛州（今河南洛阳）出现猫和老鼠和平共处的现象。老鼠躲躲藏藏，象征着盗窃者；猫负责捕食老鼠，现在却与老鼠和平共处，这象征着负责捕盗的官吏渎职，纵容犯罪。

弘道（683）年初，梁州（今陕西南部的汉中及周边

部分地区）的仓库中出现大老鼠，长二尺有余，被猫咬杀，但数百只老鼠又反过来把那猫咬了。没过多长时间，上万只老鼠聚集而来。梁州长官派了人去捕杀，那些老鼠才都跑开。

唐玄宗天宝元年（742）十月，魏郡（治所在今河南安阳）出现猫鼠在一起和平哺乳的现象。一起吃奶，比普通的和平共处更严重。

唐代宗大历十三年（778）六月，陇右节度使朱泚（cǐ）在士兵家中发现了猫鼠同乳，并将之献进京城。

唐文宗大和三年（829），成都出现猫鼠同乳的现象。

龙朔元年十一月，洛州猫鼠同处。鼠隐伏，象盗窃；猫职捕啮，而反与鼠同，象司盗者废职容奸。

弘道初，梁州仓有大鼠，长二尺余，为猫所啮，数百鼠反啮猫。少选，聚万余鼠。州遣人捕击杀之，余皆去。

天宝元年十月，魏郡猫鼠同乳。同乳者，甚于同处。

大历十三年六月，陇右节度使朱泚于兵家得猫鼠同乳以献。

大和三年，成都猫鼠相乳。——［宋］欧阳修、宋祁《新唐书》

◎李猫

李义府（614—666）外表温良谦恭，和人说话的时候一定和悦微笑，但其内心狭隘阴毒。（因暗助武后而登上高位，掌握大权之后，）事事都要别人顺从自己，稍微违背他的人，就会被他构陷。所以当时的人说李义府笑中有刀，又因为他貌似柔弱而能害人，所以也叫他“李猫”。

义府貌状温恭，与人语必嬉怡微笑，而褊忌阴贼。既处权要，欲人附己，微忤意者，辄加倾陷。故时人言义府笑中有刀，又以其柔而害物，亦谓之“李猫”。——［后晋］刘昫等《旧唐书》

《新唐书》作“人猫”。李义府音讹或为李义甫，更有将此事误传为唐玄宗时之李林甫者。

◎猫为犬所乳

唐中宗景龙（707—709）年间，大臣李迥秀家中生长了几株灵芝，又有小猫吃母狗奶的情况。皇帝认为这是李迥秀的孝心感动了上天所致，于是派人表彰了李家。

所居宅中生芝草数茎，又有猫为犬所乳。中宗以为孝感所致，使旌其门闾。——［后晋］刘昫等《旧唐书》

◎薛季昶

唐朝的荆州刺史薛季昶（chǎng），曾梦见猫趴在堂屋的门槛上，头朝外。找算卦先生张猷（yóu）占算此梦，张猷说：“猫代表爪牙，趴在门槛上代表边境上的事。这些都强烈预示着您会掌管军事要职。”没几天，薛季昶果然被任命为桂州都督、岭南招讨使。

薛季昶为荆州长史，梦猫儿伏卧于堂限上，头向外。以问占者张猷，猷曰：“猫儿者，爪牙；伏门限者，阃外之事。君必

知军马之要。”未旬日，除桂州都督、岭南招讨使。——［唐］张鷟《朝野佥载》

◎觑鼠猫儿

唐兵部尚书姚元崇（650—721）身材高大，走路很快，魏光乘就给他取了个外号叫“趁蛇鹳鹊”。黄门侍郎卢怀慎（？—716）喜欢看着地面，魏光乘就给他取了个外号叫“觑鼠猫儿”。（如此这般，魏光乘给十多个朝廷大员取了外号。）因此犯了妄议朝廷官员的罪，从左拾遗贬到新州新兴县（今属广东云浮）做县尉去了。（按：左拾遗当时官阶为从八品上，县尉则是从八品下至从九品下不等，官阶变化并不是很大。但左拾遗掌供奉讽谏，靠近国家权力中心，县尉则仅为县级佐官，且新兴县地处偏远。）

唐兵部尚书姚元崇长大行急，魏光乘目为“趁蛇鹳鹊”。黄门侍郎卢怀慎好视地，目为“觑鼠猫儿”。……由是坐此品题朝士，自左拾遗贬新州新兴县尉。——［唐］张鷟《朝野佥载》

◎判猫儿状

裴宽的儿子裴谞（xū，719—793）也做过河南（治所在今洛阳）府尹。裴谞素来诙谐……曾经有个妇女上状纸争猫，状纸上说：“如果是我的猫，就是我的猫。如果不是我的猫，就不是我的猫。”裴谞大笑，在断案公文上说：“你的猫不认识自己的主人，只知道在家捉老鼠。你们两家不要争了，拿来给我吧。”于是收下那只猫，原告、被告两方也不争了。

唐裴宽子谞复为河南尹。谞素好诙谐……又妇人同投状争猫儿，状云：“若是儿猫儿，即是儿猫儿。若不是儿猫儿，即不是儿猫儿。”谞大笑，判其状曰：“猫儿不识主，傍家搦老鼠。两家不须争，将来与裴谞。”遂纳其猫儿。争者亦止焉。——［宋］李昉等《太平广记》

◎三生

唐中期，曲沃（今属山西临汾）县尉孙缅家有个下人，六岁了还不会说话。后来有一天，孙缅的母亲在台阶上闲坐，小家奴忽然用眼睛直直地盯着她。孙母奇怪地问他为什么这样看她，于是家奴笑着说：“夫人您小时候，曾经穿过黄裙白短袄，养着一只野猫，现在还记得不？”孙母也想起了这些事。小家奴又说：“那时的野猫就是我的前身。我得机会逃走之后，潜伏在房瓦的沟里，还听到了夫人的哭声。到了晚上，我才从房上下来，进入东园。园内有座古坟，我就在那里藏身生活。两年后被猎人打死，死后我照例去见阎王。阎王说：‘你没有别的罪过，应得转世为人。’于是就托生到了海州（今江苏连云港），给一个乞丐当儿子。一生都处在极度饥饿寒冷之中，只活到二十岁就死了。死后又去见阎王，阎王说：‘就让你做富人的家奴吧，家奴的名称虽然不好听，但是不用担惊受怕。’于是得以来到这里。现在我已经转世三次了，夫人依然健在，仍是无病有福。这不是件很神奇的事情吗？”

曲沃县尉孙缅家奴，年六岁，未尝解语。后缅母临阶坐，奴忽瞪视，母怪问之，奴便笑云："娘子总角之时，曾着黄裙白袢襦，养一野狸，今犹忆否？"母亦省之。奴云："尔时野狸，即奴身是也。得走后，伏瓦沟中，闻娘子哭泣声。至暮乃下，入东园。园有古冢，狸于此中藏活。积二年，后为猎人击殪，因随例见阎罗王。王曰：'汝更无罪，当得人身。'遂生海州，为乞人作子。一生之中，常苦饥寒，年至二十而死。又见王，王云：'与汝作贵人家奴，奴名虽不佳，然殊无忧惧。'遂得至此。今奴已三生，娘子故在，犹无恙有福，不其异乎！"——［唐］戴孚《广异记》

◎群鼠报恩

唐代宗宝应（762—763）年间，有个姓李的，不知其名，家住洛阳。因为世代不杀生，所以家里没有养过猫，为的是宽恕鼠的死罪。大概他的孙子，也是绍续祖父的善意。有一天，李氏广泛召集亲友，在堂屋聚餐。刚坐下，就发现门外有几百只老鼠都像人一样站了起来，用前爪鼓掌，好像特别高兴。家奴感到惊异，将此事告诉李氏，亲友们于是全都走出堂屋去观看。人都出去后，堂屋忽然倒塌，家人亲友们没有一个受伤的。堂屋摧毁后，老鼠也都走了。感人哪！老鼠本来是小动物，尚且能够这样知恩图报，何况人呢！像这样，施恩的人应该更加普遍地施恩，报恩的人也应该更加努力地回报。有不施不报的人，看到李家这件事后应该感到惭愧。

宝应中，有李氏子，亡其名，家于洛阳。其世以不好杀，故家未尝畜狸，所以宥鼠之死也。迨其孙，亦能世祖父意。常一日，李氏大集其亲友，会食于堂。既坐，而门外有数百鼠，俱人立，以前足相鼓，如甚喜状。家僮惊异，告于李氏。李氏亲友乃空其堂而踪观。人去且尽，堂忽摧圮，其家无一伤者。堂既摧，群鼠亦去。悲乎！鼠固微物也，尚能识恩而知报，况人乎！如是则施恩者宜广其恩，而报恩者亦宜力其报。有不顾者，当视此以愧。——［唐］张读《宣室志》

小 贴 士

此事真伪且不论，单说其中的果报思想就很难让人接受，更何况老鼠还祸害人类。类似的“不养猫而得善报”故事，后世还有一些，但本书尽量不再收录。

◎猫鼠同乳

唐代宗大历十三年（778）六月戊戌日，陇右汧源县（今陕西陇县）士兵赵贵家中，出现猫给老鼠和小猫同时喂奶的现象，猫鼠并不互害，节度使朱泚用笼子装着进献到京城长安。宰相常衮带领百官上表拜贺，中书舍人崔祐甫说：“这是生物失去本性的表现。上天降生万物，或刚或柔，皆有其性，圣人依循之，降下法则让百姓遵守。《礼记》里面说过，迎祭猫神，是因为猫吃田地里的老鼠。这样看，猫吃老鼠，记载在祭祀典章中，因为猫可以除害而有利于人，即使微贱也被记载了下来。现在猫这样对待老鼠，跟执法官吏不依法惩治奸邪，边疆将士不杀敌保国有什么区别？礼部记载的各种祥瑞，其中没有‘猫不食鼠’这一条。对此庆贺，在道理上我不知道能不能讲通。根据西汉刘向《洪范五行传》来讲，恐怕应该下令让有关部门彻查贪腐，警戒边疆，不要懈怠于办案和巡逻，那样猫才能发挥其功效，老鼠才不会作妖。”代宗认为崔祐甫说得很对。

十三年六月戊戌，陇右汧源县军士赵贵家，猫鼠同乳，不相害，节度使朱泚笼之以献。宰相常衮率百僚拜表贺，中书舍人崔祐甫曰：“此物之失性也。天生万物，刚柔有性，圣人因之，垂训作则。《礼》，迎猫，为食田鼠也。然猫之食鼠，载在祀典，以其能除害利人，虽微必录。今此猫对鼠，何异法吏不勤触邪，疆吏不勤捍敌？据礼部式录三瑞，无‘猫不食鼠’之目。以此称庆，理所未详。以刘向《五行传》言之，恐须申命宪司，察听贪吏，诫诸边境，无失儆巡，则猫能致功，鼠不为害。”帝深然之。——［后晋］刘昫等《旧唐书》

《礼记》中迎猫而祭的典礼，在唐代得到了继承，见《旧唐书·礼仪志》等。崔祐甫事迹又详于《旧唐书》列传第六十九及河南博物院藏石刻崔祐甫墓志。其《奏猫鼠议》全文可见于本书后文。

◎妖怪养猫

唐德宗贞元六年（790）十月，范阳（治所在今河北涿州）人卢项（xū）在钱塘县（在今浙江杭州）住，妻子是弘农杨氏。家中有婢女名曰小金，年方十五六岁。卢项家中穷困，就借住在外城西面的水塘附近，水塘离家几十步远，常常让小金在水塘边干活。当时有个四十多岁的妇人，不知从何而来，穿着碧绿色的裙子，蓬松着头发，拖着一双黑鞋，直接来找小金闲坐。妇人自称姓朱，家中排行十二，坐久了自己就走，这样过了好几天。（后来朱十二找借口打了小金一顿。）又过了几天，朱十二又来了，怀里抱着一只像狸猫一样的小动物，此物尖嘴卷尾，尾如犬尾，身上斑斓如虎。朱十二对小金说："你为什么不喂我的猫儿？"小金说："向来我也没喂过你的猫儿啊。你为何这么说？"朱十二又照小金脸上打去，小金又被打倒了，取暖的火也灭了。童子一见，赶紧跑去报告主人。主人来时，小金依然如上次那样闭着眼睛。主人找来巫师，才将她治好。从此之后就不让小金去池塘边干活了。

（之后小金又经历了一些怪事，直到小金的母亲被鬼附身，大家才知道事情的真相。）鬼说："朱十二是个妖怪。其前身是东邻吴家阿嫂朱氏，只因生性刻毒，死后被罚转世为蛇。现在，这蛇在天竺寺的楮树下面的洞里，日久成精而有法力，所以变成妇人。"人问："它既然是蛇身子，又是怎么弄到衣服穿的呢？"鬼说："那是在别人坟里偷来的随葬品。"又问："之前它抱来的是什么？"鬼回答道：

“是野狸。”说完，鬼就告辞离去了。

贞元六年十月，范阳卢项家于钱塘，妻弘农杨氏。……有家婢曰小金，年可十五六。项家贫，假食于郡内郭西堰。堰去其宅数十步，每令小金于堰主事。常有一妇人不知何来，年可四十余，着瑟瑟裙，蓬发曳漆履，直诣小金坐。自言姓朱，第十二，久之而去。如是数日。……后数日，妇人至，抱一物如狸状，尖嘴卷尾，尾类犬，身斑似虎。谓小金曰："何不食我猫儿？"小金曰："素无为之，奈何？"复批之，小金又倒，火亦扑灭。童子奔归以报，家人至，小金复瞑然。又祝之，随而愈。自此不令之堰……

曰："此是精魅耳。本是东邻吴家阿嫂朱氏，平生苦毒，罚作蛇身。今在天竺寺楮树中有穴，久而能变化通灵，故化作妇人。"又问："既是蛇身，如何得衣裳着？"答曰："向某家冢中偷来。"又问："前抱来者是何物？"言："野狸。"遂辞去。——［唐］陈劭《通幽录》

◎猫相乳

唐代司徒北平王马燧家里，有两只母猫同日产仔，而其中一只母猫不幸死了。两只小猫正吃着奶的时候，那母猫正要死，还发出痛苦的咿咿声。这时，另外一只正在喂奶的母猫仿佛听到了，所以站起身来表现出认真去听的样子，然后跑过去好像是去搭救那只母猫。虽未能救到将死的母猫，但活着的母猫依次将两只小猫衔到了自己的窝里，当成自己生的那样去喂奶。

啊，这也太神奇了吧！猫是人养的，猫的本性是无所谓仁义的，难道这是被其主人的仁义感染了？北平王治下，人民安康，匪徒殄灭，阴阳顺行。国事既已安定，王府之中也得行仁道，父慈子孝，兄友弟恭，和洽安乐，表里如一，一家人就像一个人一样不会自相矛盾。这样，猫感应到人的仁德而有相乳之事，也就非常好理解了。《周易·中孚卦》里说："信用可及于小猪和鱼那样微贱的东西。"说的不就是这类事情嘛。

韩愈当时得到北平王的提拔，有人问他北平王的品德如何，韩愈就把"猫相乳"的事说了出来。那人说："俸禄、地位、高贵、财富这些，是人们非常想要的。得到这些的困难程度，却比不上持有这些的困难程度。因为功业而得到，有时会因为德行而失去；自己得到了，传至子孙有时也会失去。如今北平王功业、品德是如此大，家中有如此祥瑞，可见其善于持有富贵。"后来，韩愈因此写了《猫相乳说》这篇文章。

司徒北平王家，猫有生子同日者，其一死焉。有二子饮于死母，母且死，其鸣咿咿。其一方乳其子，若闻之，起而若听之，走而若救之。衔其一置于其栖，又往如之，反而乳之，若其子然。

噫，亦异之大者也。夫猫，人畜也，非性于仁义者也，其感于所畜者乎哉！北平王牧人以康，伐罪以平，理阴阳以得其宜。国事即毕，家道乃行，父父子子，兄兄弟弟，雍雍如也，愉愉如也，视外犹视中，一家犹一人。夫如是，其所感应召致，其

［清］王素《猫图》

［清］虚谷《花卉蔬果图·卧猫》

亦可知矣。《易》曰："信及豚鱼。"非此类也夫！

愈时获幸于北平王，客有问王之德者，愈以是对。客曰："夫禄位贵富，人之所大欲也，得之之难，未若持之之难也。得之于功，或失于德；得之于身，或失于子孙。今夫功德如是，祥祉如是，其善持之也，可知已。"既已，因叙之为《猫相乳说》云。——［南宋］魏仲举《五百家注昌黎文集》

◎李和子

唐宪宗元和（806—820）初年，京城长安东市的恶少李和子（李努眼之子），天性残忍，常常偷狗、偷猫来吃，成为街市上公认的祸害。有一天李和子肩上架着鹞子，在街上站着，忽然遇上两个紫衣官吏，喊道："您不就是李努眼之子李和子嘛！"和子赶紧恭敬地作揖。公差说："有个事找您，借个地方说话吧。"因而走了几步，来到人少的地方，才说："阴间要追捕您，现在就跟我们走吧。"和子一开始还不接受，说："大家都是人，为什么要骗我呢？"公差说："我们就是鬼。"说着，就从怀里拿出阴间传票，票上的印还没完全干透。和子看上面有自己的名字，清清楚楚写着有四百六十只猫狗要告他。和子这才知道害怕，马上丢了鹞子，给鬼差磕头，祈求活命，并且说："我应该死，但求二位稍微等一下，我请二位喝两碗薄酒。"鬼差坚定地推辞，但没架得住和子的热情。一开始来到小吃店，鬼差捂着鼻子不肯进去，和子就将他们领到杜家酒铺。在外人眼中，李和子一个人在那里行礼劝酒，就像是疯了。李和子点了九碗酒，自己留了三碗，另外六碗空放在西面的座位旁，而且嘴里还说着求鬼差给他行方便的话。两个鬼差互相看了一眼，说："我们既然喝了你这一顿酒，就该为你打算。"于是站起来又说："姑且等我们几刻钟，随后我们就回来。"不一会儿，鬼差回来，说："您准备四十万钱，我们给你延长三年的寿命。"和子答应下来，并许诺第二天中午之前办好。于是马上付了酒钱，而且把鬼差喝过的酒还给了店家，店家见碗中的酒好像没有动，但尝了尝却发现已经清淡如水，而且冷得冻牙。和子赶紧回到家，典卖衣物，造纸钱焚烧，如期把四十万钱全部烧给了鬼差，又看着两个鬼差拿了钱走了。三天后，李和子死了。原来鬼差说的三年，就是人间的三天。

元和初，上都东市恶少李和子，父努眼。和子性忍，常攘狗及猫食之，为坊市之患。尝臂鹞立于衢，见二人紫衣，呼曰："公非李努眼子名和子乎？"和子即遽祗揖。又曰："有故，可隙处言也。"因行数步，止于人外，言："冥司追公，可即去。"和子初不受，曰："人也，何绐（dài）言？"又曰："我即鬼。"因探怀中，出一牒，印窠犹湿。见其姓名，分明为猫犬四百六十头论诉事。和子惊惧，乃弃鹞子拜祈之，且曰："我分死，尔必为我暂留，当具少酒。"鬼固辞，不获已。初，将入饆饠[①]肆，鬼掩鼻不肯前，乃延于旗亭杜家。揖让独言，人以为狂也。遂索酒九碗，自饮三碗，六碗虚设于西座，且求其为方便以免。二鬼相顾："我等既受一醉之恩，须为作计。"因起曰："姑迟我数刻，当返。"未移时至，曰："君办钱四十万，为君假三年命也。"和子

① 饆饠，一种食物，传说得名原因是外邦的毕氏、罗氏爱吃。

诺许，以翌日及午为期。因酬酒值，且返其酒，尝之味如水矣，冷复冰齿。和子遽归，货衣具凿楮，如期备酹焚之，自见二鬼挈其钱而去。及三日，和子卒。鬼言三年，盖人间三日也。——［唐］段成式《酉阳杂俎》

◎平陵金锁

平陵城（治所在今山东济南东北）是古代的谭国，其城中有一只猫，常常带着金色的锁链，跳动时身上的连钱纹就像飞舞的蝴蝶，当地人经常会见到它。

平陵城，古谭国也，城中有一猫，常带金锁，有钱飞若蛱蝶[①]，土人往往见之。——［唐］段成式《酉阳杂俎》

◎永州某氏之鼠

永州[②]有一户人家，非常迷信于吉日、凶日的说法。主人生在子日，因为鼠是子神，所以爱上了老鼠，以至于家中不养猫狗，也严禁僮仆击杀鼠类。家里的粮仓和厨房都随便让老鼠糟蹋。因此，鼠辈互相传告，都来到这人家中，得以饱食而不被害。这人家中就没有一件没被老鼠糟蹋的器物，衣架上就没有一件完整的衣服，人吃的东西大多都是老鼠吃剩下的。白天，老鼠就会明目张胆和人走在一起；晚上，则

---

① “常带金锁，有钱飞若蛱蝶”，此语费解。或又可断作“常带金锁有钱，飞若蛱蝶”，翻译为“常常带着有铜钱的金色锁链，跑动时犹如飞舞的蝴蝶”。

② 今湖南永州，柳宗元于公元806至815年被贬至此。

随便偷吃乱咬，肆意打斗施暴，各种鼠声喧腾，使人不得安眠。即便如此，这户人家还是无怨无悔。

几年之后，这户人家搬到别处去住了。后面有人来住，老鼠却一如既往。新来的人说："这些见不得光的罪恶生物，偷吃、破坏尤为严重，但为何到这种地步呢？"于是借来了五六只猫，关门，掀开可以遮蔽鼠类的瓦片，又用水灌老鼠洞，雇佣僮仆捕鼠。杀鼠积尸如山，然后把鼠尸扔到隐蔽的角落，尸臭弥漫几个月才散去。啊呀，那些鼠辈真以为自己饱食无祸的日子可以长久呢！

永有某氏者，畏日，拘忌异甚。以为己生岁直子，鼠，子神也。因爱鼠，不畜猫犬，禁僮勿击鼠。仓廪庖厨，悉以恣鼠不问。由是鼠相告，皆来某氏，饱食而无祸。某氏室无完器，椸（yí）无完衣，饮食大率鼠之余也。昼累累与人兼行，夜则窃啮斗暴，其声万状，不可以寝。终不厌。

数岁，某氏徙居他州。后人来居，鼠为态如故。其人曰："是阴类恶物也，盗暴尤甚，且何以至是乎哉！"假五六猫，阖门撤瓦，灌穴，购僮罗捕之。杀鼠如丘，弃之隐处，臭数月乃已。呜呼！彼以其饱食无祸为可恒也哉！——［唐］柳宗元《柳河东集》

◎苗介立

唐元和八年（813）十一月八日，书生成自虚从长安回东方的老家，第二天来到渭南县……夜里经过东阳驿之南，沿着赤水谷口赶路。离驿站不到三四里之处，有个低矮堡垒状的建筑，在树林和月亮中朦胧可见，大体上可以看出是一座寺庙。（成自虚在庙中遇到几个人，并在无照明的情况下跟他们谈论起了诗文。）后来，有个叫敬去文的忽然在坐席上说："苗十（古注：五加五等于十，所以他排行为十。）话都说不清楚，仗着人们对它的喜爱，讨好人，奉承人。鲁国再没有君子，也不会承认苗十这样的人。"有个叫奚锐金的问："几天没见到苗生了？"又听见有人说："十多天了吧。苗生在哪儿呢？"敬去文说："他应该离我们不远。如果他知道我们在这里聚会，大概自己就会来了。"

没多久，苗生忽然到来。敬去文假装很高兴，搭着苗生的后背说："看到你，正好满足了我的心愿。"于是敬去文就引荐苗生与成自虚互相认识、行礼，成自虚自报家门，苗生回应道："在下名介立，姓苗。"又说了很多宾主之间自我介绍的话。（然后众人又是一通谈诗吹嘘。）

敬去文对苗介立说："胃家兄弟住的地方离此不远，不来往一下不好吧？《诗经》里说过朋友之间就要互相帮扶，得空我必须写封请柬去邀请二胃。"苗介立说："我正想去访胃家老大，刚才谈论文学正起兴，不觉就耽误了。既然敬去文君下令于我了，那就请诸位稍等片刻，我去一趟胃家，马上回来。他俩不来的话，我就把他俩硬拉来，怎么样？"众人都说好，苗介立就去了。

没多久，敬去文又在众人面前说起了苗介立的坏话："这个愚蠢的家伙，有什么爪子。听说他在管理仓库的岗位上，还有廉洁奉公的美誉呢！像'蜡姑之丑'，别人对他的非议，他能奈何？"没成想苗介立已经带着二胃兄弟来了，走到门口的时候，正好听到敬去文说的话。苗介立捋上衣袖大怒说："天生我苗介立，是楚国斗伯比的直系传人，苗姓得自棼皇的封地'苗'，苗氏分二十族之多，连《礼经》中都记载了要祭祀我的祖先。（古注：指《礼记·郊特牲》"八蜡"中有"迎猫"与"迎虎"。）他敬去文，一个盘瓠的后代，大小不分，不通人伦的家伙。我看他只配哄哄小孩，看个门儿，像妖狐一样谄媚，到灶台旁偷个肉什么的。他还敢议论别人的短长？我如果不呈上自己写的诗，恐怕改天诸位说我才疏学浅。现在我就对师长们念一篇劣诗，请列位上眼。"诗大意讲的是：

"主人给我吃肉的深恩让我感到惭愧，何况我还早晚蜷缩在被窝里睡觉。暂且学习一下贤人懂得分辨黑白是非，哪有什么高官厚禄能动摇我的内心？"

成自虚对这首诗十分欣赏。敬去文说："您不知道事情的究竟始末，就深深地污蔑我。我其实是春秋时名臣向戌的后代，您非说我是盘瓠的后代，跟辰阳的五溪蛮同宗，其实他们跟我几乎没有亲缘关系。"

有个叫朱中正的特别烦恼于两家结怨以使得雅集不能继续，于是说："我愿意为两家做调停人，可以吗？当年我的祖先逢丑父，经常与向戌、棼皇在春秋盟会上共事。现在坐席间有知名的客人，两位何苦互相诋毁祖宗呢？话里话外的有什么破绽，让人家成先生笑话。大家还是继续吟诗作对，别吵架了。"（于是苗介立顺着台阶转移了话题，把胃家兄弟介绍给了成自虚，大家又开始谈诗。）

成自虚对大家的诗作十分欣赏，完全忘了一晚上的寒冷困倦，正想把自己以前的诗作拿出来炫耀，忽然听到远方寺院的钟声，一下子原来胳膊靠胳膊的人们就都没有了声音。定睛一看，周围空无一人，只觉得风雪透过窗子吹进来，满鼻子都是腥臊臭气。正迟疑间，天色已经全亮了。成自虚这才在墙壁北面看到一只骆驼，在室外北面看到一头黑驴，在房上斗拱北面看到一只老鸡（奚锐金）正蹲在那里振翅。往前走到有佛像的殿宇的坐榻北面，东西向有十多步宽的空地，在窗子下面的彩色壁画处，农民曾经堆积碎麦壳的地方，看到一只大花猫（苗介立）睡在上面。附近又有一个盛饭的破瓢，一顶牧童丢弃的破斗笠，成自虚走过去踢了一下，果然下面有两只刺猬（二胃兄弟）在那里蠕动。绕出村子往北走，道路左边有个柴栅栏围着的旧园子，可以看到里面有头牛（朱中正）正踩着雪吃草。又遇到一群狗乱叫，其中一条狗（敬去文）的毛掉光了，样子特别奇怪，斜视着成自虚。

是岁，自虚十有一月八日东还，翼日，到渭南县……路出东阳驿南，寻赤水谷口道。去驿不三四里，有下坞，林月依微，略辨佛庙。……移时不定，去文忽于座内云："……苗十（以五五之数，故第十）气候哑吒，凭恃群亲，索人承事。鲁无君子者，斯焉取诸？"锐金曰："……不见苗生几日？"曰："涉旬矣，然则苗子何在？"去文曰："亦应非远。知吾辈会于此，计合解来。"

居无几，苗生遽至。去文伪为喜意，拊背曰："适我愿兮。"去文遂引苗生与自虚相揖，自虚先称名氏，苗生曰："介立姓苗。"宾主相谕之词，颇甚稠沓。……

去文谓介立曰："胃家兄弟，居处匪遥，莫往莫来，安用尚志？《诗》云'朋友攸摄'，而使尚有遐心，必须折简见招，鄙意颇成其美。"介立曰："某本欲访胃大去，方以论文兴酣，不觉迟迟耳。敬君命予，今且请诸公不起，介立略到胃家即回。不然，便拉胃氏昆季同至，可乎？"皆曰："诺"。介立乃去。

无何，去文于众前，窃是非介立曰："蠢兹为人，有甚爪距。颇闻洁廉，善主仓库。其如蜡姑之丑，难以掩于物论何？"殊不知介立与胃氏相携而来，及门，瞥闻其说。介立攘袂大怒曰："天生苗介立，斗伯比之直下，得姓于楚远祖棼皇。茹分二十族，祀典配享，至于《礼经》。（谓《郊特牲》八蜡迎虎迎猫也。）奈何一敬去文，盘瓠之余，长细无别，非人伦所齿。只合驯狎稚子，狞守酒旗，谄同妖狐，窃脂媚灶，安敢言人之长短。我若不呈薄艺，敬子谓我咸秩无文，使诸人异日藐我。今对师丈念一篇恶诗，且看如何？"诗曰：

"为惭食肉主恩深，日晏蟠蜿卧锦衾。且学志人知白黑，那将好爵动吾心。"

自虚颇甚佳叹。去文曰："卿不详本末，厚加矫诬。我实春秋向戌之后，卿以我为盘瓠裔，如辰阳比房，于吾殊所华阔。"

中正深以两家献酬未绝为病，乃曰："吾愿作宜僚以释二忿，可乎？昔我逢丑父，实与向家棼皇，春秋时屡同盟会。今座上有名客，二子何乃互毁祖宗？语中忽有绽露，是取笑于成公齿冷也。且尽吟咏，固请息喧。"……

自虚赏激无限，全忘一夕之苦，方欲自夸旧制，忽闻远寺撞钟。则比膊鍧（hōng）然声尽矣。注目略无所睹，但觉风雪透窗，臊秽扑鼻。……迟疑间，晓色已将辨物矣。乃于屋壁之

［清］虚谷《杂画册》

[清] 应召《猫图》

北，有橐驼一，……室外北轩下，俄又见一瘁瘠乌驴，……举视屋之北拱，微若振迅有物，乃见一老鸡蹲焉。前及设像佛宇塌座之北，东西有隙地数十步，牖下皆有彩画处，土人曾以麦䴬之长者，积于其间，见一大驳猫儿眠于上。咫尺又有盛饷田浆破瓠一，次有牧童所弃破笠一，自虚因蹴之，果获二刺猬，蠕然而动。……周出村之北，道左经柴栏旧圃，睹一牛踣雪龁（hé）草。……群犬喧吠，中有一犬，毛悉齐髁[①]，其状甚异，睥睨自虚。——［唐］王洙《东阳夜怪录》

◎张抟

连山县（今属广东清远）张抟大夫喜欢养猫，各种毛色的全有，而且张抟都亲自给它们取了好名字。每回办完公事，到了后宅，就有几十只猫跑过来，拖着尾巴，伸着脖子，围成一圈来迎接主人回家。张抟常常用红纱做帷幕，把猫聚集在其中来游戏。有人说张抟是猫精。

连山张大夫抟，好养猫儿，众色备有，皆自制佳名。每视事退，至中门，数十头拽尾延脰盘踜。入以绛[②]纱为帏，聚其内以为戏。或谓抟是猫精。——［北宋］钱易《南部新书》

◎南泉斩猫

池州（今安徽池州）南泉院中东西两堂的僧人争夺一只猫儿，住持南泉普愿禅师（748—834）来到堂内，取过

① 或为“裸”。
② “绛”本或作“绿”，且用“绿”为多。

猫儿说道："说得出道理来我就不斩杀，说不出道理来我就立刻杀了它。"众僧出语皆不合普愿之意，所以普愿便将猫儿斩杀了。晚上，弟子赵州从谂禅师返寺，行礼问候已毕，南泉便将此事与之言讲，问："你如何能救那只猫儿？"赵州于是脱下自己一只草鞋放在头上，就这样走了出去。南泉说："你当时如果在场，就救得了那只猫儿了。"

南泉东西两堂争猫儿，泉来堂内，提起猫儿云："道得即不斩，道不得即斩却。"大众下语皆不契泉意，当时即斩却猫儿了。至晚间，师从外归来，问讯次，泉乃举前话了，云："你作么生救得猫儿？"师遂将一只鞋戴在头上，出去。泉云："子若在，救得猫儿。"——［唐］文远《赵州和尚语录》

小贴士

此条及以下两条，皆与唐代著名禅师南泉普愿有关。自"南泉斩猫"之后，很多禅门公案都跟猫有关，今不备录。其中究竟有（或者没有）什么"禅机"，还望读者自行领会。

◎狸奴、白牯

（唐南泉普愿禅师说过）祖师、佛陀不懂的，猫和白牛却懂。

祖、佛不知有，狸奴、白牯却知有。——［南唐］静筠二禅师《祖堂集》

三世诸佛不知有，狸奴、白牯却知有。——［南宋］普济《五灯会元·湖南长沙景岑招贤禅师》

此为所见文献中最早的“狸奴”一词。其表述版本较多，但基本可以确定是出自南泉普愿之口。

◎相似猫儿

南泉普愿与归宗同行，归宗在前，南泉在后。草丛中忽然走出一只老虎，南泉很害怕，不敢前行，便叫归宗。归宗回过头来大喝一声，老虎便钻进了草丛。南泉问：“师兄见老虎像个什么？”归宗答：“像只猫。”南泉云：“跟我还差一点点。”归宗反问：“师弟见老虎像个什么？”南泉答：“像只老虎。”

师共归宗行次，归宗先行，师落后。忽见大虫草里出，师怕，不敢行，便唤归宗。归宗转来一喝，大虫便入草。师问：“师兄见大虫似个什么？”归宗云：“相似猫儿。”师云：“与王老师[①]犹较一线道。”归宗却问：“师弟见大虫似个什么？”师云：“相似大虫。”——［南唐］静筠二禅师《祖堂集》

◎军容改常

唐末某日，左军容使[②]严遵美忽然发起狂来，手舞足蹈，家人都感到十分奇怪。这时旁边有一只猫、一条狗，猫对狗说：“大人失了常态，疯病犯了。”狗说：“别管他，

① 南泉俗姓王，所以这里的王老师是自称。

② 左军容使，唐朝职官名，为监视出征将帅的最高军职，以掌权宦官担任。

让他疯。”不久严遵美镇定了下来，自己也感到吃惊，又自我解嘲一通，并且惊异于猫狗的对话。（公元900年，唐昭宗被劫持至凤翔之后，严遵美便辗转辞官，最后得以善终，有“忠谨”之美誉。）

一旦发狂，手足舞蹈，家人咸讶。傍有一猫一犬，猫谓犬曰：“军容改常也，颠发也。”犬曰：“莫管他，从他。”俄而舞定，自惊自笑，且异猫犬之言。——［五代］孙光宪《北梦琐言》

小贴士

这是今所见最早的关于猫说人话的传说。这类传说常涉及一个预示吉凶的问题，但此处“见怪不怪，其怪自败”，思想性上反而比后来的很多类似故事表现得更通达。

◎猫儿狗子

唐末人卢延让以写诗为仕进之阶，考了二十五次进士才考上。其应试卷中有一句“狐冲官道过，狗触店门开”，租庸使张濬亲眼见过此事，于是常常赞赏卢延让。又有“饿猫临鼠穴，馋犬舐鱼砧”的句子，得到了中书令成汭的赏识。又有“栗爆烧毡破，猫跳触鼎翻”的句子，得到了五代前蜀高祖王建的赏识。卢延让跟人说：“我常常拜谒官长（而不见成效），没想到最后竟借力于阿猫阿狗。”人们听了都笑话他。

唐卢延让业诗，二十五举方登一第。卷中有“狐冲官道过，狗触店门开”之句，租庸张濬亲见此事，每称赏之。又有“饿猫临鼠穴，馋犬舐鱼砧”之句，为成中令汭见赏。又有“栗爆烧毡破，猫跳触鼎翻”，为王先主建所赏。卢谓人曰：“平生投谒公卿，不意得力于猫儿狗子也。”人闻而笑之。——［五代］孙光宪《北梦琐言》

◎归系

唐末进士归系，夏天和一个小孩在客厅睡觉。忽然有一只猫大叫，归系怕吓坏了孩子，就让仆人用枕头打猫，猫偶然被枕头打中而死了。当时孩子忽然像猫一样叫了起来，几天后竟然也死了。

进士归系，暑月与一小孩子于厅中寝。忽有一猫大叫，恐惊孩子，使仆以枕击之，猫偶中枕而毙。孩子应时作猫声，数日而殒。——［唐］于逖《闻奇录》

五 代

◎唐道袭

五代时王建在蜀称帝，他宠幸的近臣唐道袭做上了枢密使。某个夏天，唐道袭在家赶上大雨，他家的猫于屋檐下戏水。唐道袭看见那猫的身体竟慢慢长大，不久前腿都能够到房檐了。忽然电闪雷鸣，猫竟然变成龙飞走了。

王建称尊于蜀，其嬖臣唐道袭为枢密使。夏日在家，会大雨，其所畜猫戏水于檐溜下。道袭视之，稍稍而长，俄而前足及檐，忽雷电大至，化为龙而去。——［五代］徐铉《稽神录》

◎卖醋人

建康城（今江苏南京）里有个卖醋的人养了一只猫，十分健美，此人非常喜爱它。南唐保大九年（951）六月，猫死了，主人不忍心把它抛弃，于是放在了座旁。几天之后猫尸腐败发臭，卖醋人不得已将它抛入秦淮河。一入水，猫竟然活了。卖醋人下水营救，自己反被淹死，而猫却上了岸，跑到了金乌铺。一个小吏抓获了它，拴在铺子里，锁上了门。小吏出去禀告有司，计划用这只猫做证物。但等到小吏回来，猫已经挣开绳子、咬坏墙壁跑了，最终也没能再找到。

建康有卖醋人某，蓄一猫，甚俊健，爱之甚。辛亥岁六月，猫死，某不忍弃，犹置坐侧。数日，腐且臭，不得已，携弃秦淮中。既入水，猫乃活。某下救之，遂溺死，而猫登岸，走金乌铺。吏获之，缏而鐍之铺中，锁其户。出白官司，将以其猫为证。既还，则已断索啮壁而去，竟不复见。——［五代］徐铉《稽神录》

◎白老

五代十国之吴国的侍御史卢枢说，他父亲做建州（今福建建瓯）刺史的时候，曾夏夜闲居，独于庭中赏月。刚出屋门，忽然听到堂屋西面的台阶下，似乎有人笑语声。轻手轻脚过去一看，发现是七八个身穿白衣的人，身高不满一尺，男女都有，坐在那里喝酒，桌子、席子等物件齐全而微小。只见他们相互让酒酣饮，很长时间之后其中一个人说：“今晚过得很快乐，但是白老快要来了，怎么办？”因而叹气。不一会儿，在座的几个人忽然钻进了阴沟里，就这么不见了。几天后卢父罢官，接任者家的猫名叫白老。接任者刚到，白老就在堂屋西阶旁的地上抓获七八只老鼠，都杀掉了。

侍御史卢枢言其亲为建州刺史，尝暑夜独居寝室，望月于中庭。既出户，忽闻堂西阶下，若有人语笑声。蹑足窥之，见七八白衣人，长不盈尺，男女杂坐饮酒，几席什器皆具而微。献酬久之，席中一人曰："今夕甚乐，但白老将至，奈何？"因叹叱。须臾，坐中皆突入阴沟中，遂不见。后数日罢郡，新政家有猫名白老。既至，白老自堂西阶地中获鼠七八，皆杀之。——［五代］徐铉《稽神录》

◎醉猫三饼

五代时的隐士李巍，在雪窦山修炼，自己种菜吃。有人问李巍说："每天吃什么？"答道："喝一碗清淡的羹汤，吃三个薄荷饼。"问话人对自己亲近的人说："用清淡节食之法修炼的人，不久就能因为吃菜而得道尸解成仙。"

居士李巍，求道雪窦山中，畦蔬自供。有问巍曰："日进何味？"答曰："以炼鹤一羹（盖为炼得身形似鹤形也。），醉猫三饼。"（巍以时萝、薄荷捣饭为饼。）问者语所亲者："以清饥道者，旦暮必以菜解。"——［北宋］陶穀《清异录》

《清异录》多记五代时事，但李巍也有可能活到宋初。雪窦山在今浙江宁波，为佛教文化名山，"炼得身形似鹤形"

用唐李翱《赠药山高僧惟俨二首》中句，似乎李巍所求之道为佛。但后面讲尸解法，又似乎是个道士，盖当时佛道交互影响较深。关于“薄荷醉猫”的记载，最早当为此条。

◎江南二徐

江南二徐兄弟（徐铉、徐锴）都是很有学问的人。南唐后主李煜有个儿子，被封为岐王。岐王六岁那年，在佛像前玩，那里有个大琉璃瓶子，被猫碰倒，掉在了地上，因而将小岐王吓病了，最后不幸夭折。李后主命徐锴为小岐王写墓志，徐锴对哥哥徐铉说：“即使这篇墓志不引用有关猫的典故，这些典故兄长能记得多少？”哥哥徐铉就梳理了二十多条出来。徐锴看到后说：“我刚才已经想到了七十多条。”徐铉感慨道：“楚金（徐锴，字楚金）记忆力太好了！”第二天早上，弟弟又跟哥哥说：“昨晚我又想到了几条。”哥哥不得不鼓掌赞叹。

江南二徐，大儒也。后主岐王六岁时，戏佛像前，有大琉璃瓶，为猫所触，割（huō）然堕地，因惊得疾，薨。诏锴为墓志，锴谓铉曰：“此文章虽不引猫儿事，此故实兄颇记不？”铉为疏二十事，锴曰：“适已忆七十余事。”铉曰：“楚金大能记。”明旦，又云：“夜来复得数事。”兄抚掌而已。——［北宋］邵思《野说》

宋代之前的典籍中，有关猫的记载并不多。所以徐锴能凭记忆想到七八十条，确实是非常不简单的。

八　宋至明的猫咪故事

宋 代

◎称猫

宋初，郭忠恕任官期满之后，就索性不再出仕。浪迹在陕西、河南一带，无论贵贱，遇到谁都口称猫。

秩满，遂不仕。放旷岐、雍、陕、洛间，逢人无贵贱，口称猫。——［北宋］苏轼《郭忠恕画赞叙》

小 贴 士

后世以“称猫”指不谈政事，典出于此。黄汉《猫苑》：“陆游诗：偶尔作官羞问马，颓然对客但称猫。汪钝翁（琬）诗：呼我不妨频应马，逢人何敢遽称猫？见葛翼甫《梦航杂说》。”但唐代著名禅僧德山宣鉴与弟子的公案中，就已经有了类似行为，见《五灯会元》卷七。“猫”谐音“无”，“称猫”表达的应该是“万法皆空”“清静无为”之类的哲学概念。

◎红丝标杖

宋初，曹翰出使南唐，因为任务重大，所以连日不苟言笑，使得李后主没有办法对付他。南唐大臣韩熙载因此派出官府豢养的歌妓徐翠筠，假扮成良家妇女，把红色丝线绑在竿子上，逗弄着花猫，来诱惑曹翰。曹翰见了，果然就问送信的人这女子是谁，送信人骗他说："这是妓女。"曹翰因此把她留了下来。第二天早上分别时，曹翰拿出钱财，徐翠筠一点也没接受，只说："我只想要上邦使臣大人您的一首词，来做传家之宝。"没办法，曹翰就写了一首《风光好》给她。当曹翰来到南唐朝堂辞别的时候，李后主设宴款待他，席间就让歌姬演唱了这首《风光好》。曹翰这才知道自己被骗了，于是纵情饮酒几个月后才回朝。

曹翰使江南，唯事严重，累日不谈笑，后主无以为计。韩熙载因使官妓徐翠筠，为民间妆束，红丝标杖，引弄花猫以诱之。翰见，果问主邮者此女为谁，伪对曰："娼家。"翰因留之。至旦去，与金帛，无所受，曰："止愿得天使一词，以为世宝。"不得已，撰《风光好》遗之。翰入谢，留宴，使妓歌此词。翰知见欺，乃痛饮数月而归。——［宋］龙衮《江南野史》

小贴士

据《玉壶清话》，此本陶穀仕后周时事，而非曹翰。但陶事中只说"熙载遣歌人秦弱兰者，诈为驿卒之女以中之，弊衣竹钗，旦暮拥帚洒扫驿庭"，无所谓"红丝标杖，引弄花猫"者。《江南野史》撰述年代也去宋初不远，想来当时社会上必然出现过"红丝标杖，引弄花猫"的情景。

◎猫言"不敢"

鄱阳县（今江西上饶鄱阳）龚冕仲自己说，他的祖父龚纪与同族之人一起去考进士，发榜那天他家出现各种怪

［明］唐寅《陶榖赠词图》（一）

[明] 唐寅《陶榖赠词图》(二)

事：有的母鸡早上打鸣，有的狗顶着布料走路，有的老鼠白天成群出洞，以至于家什器皿等物都变换了平日所在的位置。家里人又惊又怕，不知该怎么好，于是叫来了女巫徐妈妈来压制。当时气温还很低，家里人与徐妈妈守着炉子坐着，有一只猫正趴在旁边，家里人指着猫对徐妈妈说："我们家各种东西都出来作妖了，唯独这猫没有什么异常之处。"这时猫忽然像人一样站立着拱手，口出人言道："不敢。"徐妈妈非常害怕，当时就走了。几天后考中的消息传到家中，两个应举的都高中了。人们这才知道，怪异的事情未必都预示着灾祸。

鄱阳龚冕仲自言其祖纪与族人同应进士举，唱名日其家众妖竞作：牝鸡或晨雊，犬或巾帜而行，鼠或白昼群出，至于器皿服用之物，悉自变易其常处。家人惊惧不知所为，乃召女巫徐姥者使治之。时尚寒，与姥对炉而坐，有一猫正卧其侧，家人指猫谓姥曰："吾家百物皆为异，不为异者独此猫耳。"于是人立拱手而言曰："不敢。"姥大骇而去。后数日捷音至，二子皆高第矣，乃知妖异未必尽为祸也。——［北宋］彭乘《续墨客挥犀》

科举制度虽然在隋唐就已经比较成熟，但当时录取名额十分有限，到了北宋才开始大量通过科举选拔人才。

◎正午牡丹

北宋欧阳修（字永叔）曾经得到一张古画，画的是牡丹花丛下面有一只猫，欧阳修知道它很精妙。丞相吴育（谥正肃）和欧阳修住邻居，一见此画，便说："这是正午的牡丹。何以得知呢？花枝舒展，色泽干燥，这正是中午的花；猫眼中瞳仁已经眯成一条竖线，这也是正当午时的猫眼睛。早上那种还带着露水的花，花房收敛而花色润泽；猫眼一早一晚瞳孔正圆，到正午时就如同一条竖线。"这也是善于体会古人的用意。

欧阳公尝得一古画牡丹丛，其下有一猫，永叔知其精妙。丞相正肃吴公，与欧公家相近，一见，曰："此正午牡丹也。何以明之？其花披哆而色燥，此日中时花也。猫眼黑睛如线，此正午猫眼也。有带露花则房敛而色泽，猫眼早暮则睛圆，正午则如一线耳。"此亦善求古人之意也。——［北宋］彭乘《墨客挥犀》

此事未必全可信，但宋代的绘画写生水平完全可以达到这个程度。

◎猫入佛地

世上那些蒙昧无知者，把废物般的无知当成佛陀的境界。如果这算是佛果，那么猫儿狗儿吃饱了睡大觉，肚子起伏，鼻子喘气，跟土块木头差不多，那时可谓没有一丝思维，难道可以说猫狗已经修成佛果了？

而世之昧者，便将颓然无知认作佛地。若如此是佛，猫儿狗儿得饱熟睡，腹摇鼻息，与土木同，当恁么时，可谓无一毫思念，岂谓猫狗已入佛地？——［北宋］苏轼《论修养帖寄子由》

◎不捕犹可

苏轼熙宁四年（1071）在《上皇帝书》中说："养猫是用来捕鼠的，不能因为没有老鼠而养不捕鼠的猫；养狗是用来防贼的，不能因为没有贼而养不会叫的狗。"我认为，不捕鼠也还可以，不捕鼠却去捕鸡就太过分了；不向盗贼吠叫也还可以，不向盗贼吠叫却向主人吠叫就太过分了。仇视正义之士，非得要尽力摧毁人家，这不是捕鸡吗？投靠权重者，使得天子被孤立，这不是向主人吠叫吗？

东坡云："养猫以捕鼠，不可以无鼠而养不捕之猫；畜犬以防奸，不可以无奸而畜不吠之犬。"余谓不捕犹可也，不捕鼠而捕鸡则甚矣；不吠犹可也，不吠盗而吠主则甚矣。疾视正人，必欲尽击去之，非捕鸡乎？委心权要，使天子孤立，非吠主乎？——［南宋］罗大经《鹤林玉露》

苏轼原文："然而养猫所以去鼠，不可以无鼠而养不捕之猫。畜狗所以防奸，不可以无奸而畜不吠之狗。"

◎吟榻逐猫

石林居士叶梦得说：世人传说陈师道（字无己）每次登高览景后灵感出现，马上就回家躺在一张榻上，用被子蒙住头，这叫作“吟榻”。家人见了，就把猫狗都驱逐出去，婴幼儿也都抱走寄放在邻居家，慢慢地等着他起来拿过笔墨纸砚，诗写好了，才敢恢复家中常态。大概陈师道专心致志时，不想听到别人的声音，怕自己的思路被打乱。所以陈诗中经常写到“吟榻”。天下的绝技，真的没有不用心就能达到一定境界的。

石林叶氏曰：世言陈无己每登览得句，即急归卧一榻，以被蒙首，谓之“吟榻”。家人知之，即猫犬皆逐去，婴儿稚子亦皆抱持寄邻家，徐待其起就笔砚，即诗已成，乃敢复常。盖其用意专，不欲闻人声，恐乱其思。故诗中亦时时自有言“吟榻”者。天下绝艺，信未有不精而能工者也。——［元］马端临《文献通考》

◎讥其似猫

北宋张耒（字文潜）《挂虎图于寝壁示秸秠》诗里有四句，大意是说：“劳烦您保卫我的寝室，令我蓬荜生辉。自然让偷肉的老鼠不敢在白天偷偷出来。”讽刺这虎画得像猫。

张文潜《虎图》诗云：“烦君卫吾寝，起此蓬荜陋。坐令盗肉鼠，不敢窥白昼。”讥其似猫也。——［南宋］陆游《老学庵笔记》

◎**章惇转世**

有一个姓虞的妇女，人称“仙姑”，已经八十多岁了，但样子还像小姑娘，能施道教大洞法术。一天，宋徽宗下令让虞仙姑去拜访宰相蔡京，蔡京设宴款待了她。席间虞仙姑见到一只大猫，就抚弄着猫背对蔡京说：“认识这只猫吗？它就是章惇。”蔡京就谴责虞仙姑怪诞不讲道理。第二天，蔡京上朝，徽宗说：“已经见到虞仙姑了？章惇转世为猫的事真是太可怕了。”

一说：宋徽宗大观元年（1107），朝中来了一个姓虞的道姑，人称虞仙姑，已经八十多岁，但样子还像小姑娘。有一次蔡京请虞仙姑吃饭，席间见到一只大猫，虞仙姑就指着大猫对蔡京说：“认识吗？这就是章惇。”以此来嘲讽蔡京（别看你现在权势熏天，没准下辈子你就转世为畜生）。蔡京因此非常不高兴。

后又有妇人虞，号“仙姑”，年八十余，有少女色，能行大洞法。徽宗一日诏虞诣蔡京，京饭之。虞见一大猫，拊其背，语京曰：“识此否？乃章惇也。”京即诋其怪而无理。翌日，京对，上曰：“已见虞姑邪？猫儿事极可骇。”——［南宋］周煇《清波杂志》

又有虞仙姑者，年八十余，状貌如少艾……京尝具饭招仙姑，见大猫，指而问京曰：“识之否？此章惇也。”意以讽京。京大不乐。——［南宋］杨仲良《皇宋通鉴长编纪事本末》

◎猫食

客人说：苏伯昌刚担任长安狱掾时，命令手下买鱼喂猫，手下却买来了猪肠子。苏伯昌询问，手下回答说："我们这边习惯用这个喂猫。"苏伯昌一笑，留着猪肠子自己吃。同僚因此每天买所谓的"猫食"猪肠子。大概西北长安一带，只把羊肉作为高等食材（猪肉及猪大肠价格很低）。

客言：苏伯昌初筮长安狱掾，令买鱼饲猫，乃供猪衬肠。诘之，云："此间例以此为猫食。"乃一笑，留以充庖，同寮从而遂日买猫食。盖西北品味，止以羊为贵。——［南宋］周煇《清波杂志》

◎童夫人失猫

秦桧（1090—1155）的孙女中有一个被封为崇国夫人的，又叫童夫人，这可能是她的小名。她十分喜爱的一只狮猫，有一天忽然丢失了，于是立下期限命令临安府搜求。可到了期限也没能找到那只猫，知府为此把她家邻居都抓了起来，而且想要惩办手下兵士。当兵的非常害怕，对当地进行了地毯式搜查，所有的狮猫都被抓了来，但都不是要找的那只。于是贿赂了秦宅里的老兵，问出猫的具体样貌，画了上百张猫画像张贴在茶馆里。后来知府通过秦府受宠的下人求情，这件事情才得以平息。

其孙女封崇国夫人者，谓之童夫人，盖小名也。爱一狮猫，忽亡之，立限令临安府访求。及期，猫不获，府为捕系邻居民家，且欲劾兵官。兵官惶恐，步行求猫。凡狮猫悉捕致，而皆非

也。乃赂入宅老卒，询其状，图百本，于茶肆张之。府尹因嬖人祈退乃已。——［南宋］陆游《老学庵笔记》

明田汝成《西湖游览志余》卷四："桧女孙崇国夫人者，方六七岁，爱一狮猫。亡之，限令临安府访索，逮捕数百人，致猫百计，皆非也。乃图形百本，张茶坊、酒肆，竟不可得。府尹曹泳因嬖人以金猫赂恳，乃已。"所传稍异，也许另有根据。

◎高氏饥虫

从政郎陈朴，建阳（今属福建南平）人。陈母高氏六十多岁时得了饥饿病，每次发作都感觉像是有虫子在咬心，当下就要得到食物，吃完了才作罢，就这样病了三四年。陈家养了一只非常大的猫，家人很喜欢，经常把它安排在人的座位旁边。猫一发出娇声，人就拿鱼肉和在饭里给它吃。南宋建炎三年（1129）夏日的一天夜里，一家人坐在外面纳凉，猫刚好叫了两声，高氏就命下人取来鹿肉干，自己嚼碎了然后喂给猫。嚼到第二口，高氏就感觉一个东西在喉咙里要反上来，伸手指进嘴摸到一个拇指大的东西，然后掉到地上。叫家人取火烛来照，发现那个东西安然不动，头又尖又扁像是鳎沙鱼，身子有些像虾壳，有八寸长，最大的地方有两指粗。此物体内充盈结实，剖开

[清] 朱耷《杂画册》

看，肠子也跟鱼一样。其中有八个幼崽，像小泥鳅一样蠕动。人们都不认得这是什么生物，但可以猜到它可能是闻到了鹿肉干的香味才出来的。高氏的病就这么好了。

从政郎陈朴，建阳人。母高氏，年六十余，得饥疾，每作时如虫啮心，即急索食，食罢乃解，如是三四年。畜一猫甚大，极爱之，常置于旁。猫娇呼，则取鱼肉和饭以饲。建炎三年夏夜，露坐纳凉，猫适叫，命取鹿脯自嚼而啖猫。至于再，觉一物上触喉间，引手探得之，如拇指大，坠于地。唤烛照，其物凝然，头尖匾类塌沙鱼，身如虾壳，长八寸，渐大，侔两指。其中盈实，剖之，肠肚亦与鱼同。有八子胎生，蠕蠕若小鳅。人皆莫能识为何物，盖闻脯香而出也。高氏疾即愈。——［南宋］洪迈《夷坚志》

◎临江二异

相传，临江军（治所在清江县，即今江西省樟树市临江镇）有两个怪物：其中一个是军办公厅的野猫，两目红如丹砂，出现的时候总是两只前脚抱着自己的头，瞪着两眼，像个人一样立着；另外一个是仓库里的白狗，不知从什么时候开始，凡是见到它的一定有灾难。绍兴二年（1132），我（洪迈）的女婿钱密任临江守，经常见到那只妖猫，后来老兵报告说它生了六个幼崽，但不知在哪里。后来妖猫叼着两个幼崽来到通判庭将其吃掉了。当时郑厚（字景韦）在那边任职，不久后钱密因为有人向漕使举报了景韦的某些事，而被漕使弹劾了，于是两人同日被罢官。

我的从侄洪槔做清江县令，暂时代理录曹，进入仓库支取马匹所用谷物时，兵卒忽然集体向着仓房连连叩拜。洪槔惊奇地问是怎么回事，兵卒说："白狗正在谷堆上向外站立着。"洪槔出来一看，发现确如其言，就也向白狗行礼。几个月之后，洪槔就死在了任上。

临江军相传有二怪：其一军治内野猫，两目如丹，出则以前足抱头，而睢盱人立；其一省仓内白犬，不知其几何时，凡见之者必有灾咎。绍兴二年，予婿钱密为守，常见猫，继而老兵报已生六子，而不得其处。俄衔其二，往通判庭啮食之。是时景韦兄在职，未几，钱以人言章韦为漕使所劾，同日罢。从侄槔为清江尉，暂摄录曹，入仓支马谷，群卒忽向廒稽叩连拜。惊问之，曰："白犬正在堆上，望外而立。"出视之，果然，亦为致敬。槔数月卒于官。——［南宋］洪迈《夷坚志》

◎全椒猫犬

南宋绍兴（1131—1162）年间，乐平（今属江西景德镇）人魏彦成（字安行）官封徐州守，全椒县（今属安徽滁州）定案判决一桩死刑案件说：县城外二十里地有一所山寺，十分幽静偏僻，平时只有樵夫和农民经过。一个僧人住在庙里，只雇用了乡下的仆役提供柴火。僧人养了一只十分温顺的猫，每天陪着，晚上就在其床下休息；他还养了一只尤为可爱的狗，民间所谓狮子狗的那种。一次僧人派仆人去买盐，到了天黑还没回来，凶恶的强盗就乘虚而入，杀了僧人，包起僧人所有的财产，带到外面住下。

第二天，强盗进入县城，那只狗就在暗中跟踪着。一到人群聚集的地方，狗突然赶到前面对着强盗狂吠。强盗走开，狗就追上去，走出四五里地，就到了县城中的市场上，狗叫得就更惨了。市场上很多人认识庙里的这只狗，为此感到奇怪，所以一些人一起抓住强盗说："这只狗对你好像有恨意，难道你去庙里作恶了？"强盗虽然反复狡辩，然而低着头露出一副很怕的样子。于是人们带着他来到庙里，发现僧人已经死了。当时正值初夏，猫就守在尸体旁边，所以老鼠没有加害尸体。众人抓着强盗来到衙门，强盗全部招供，于是得到了正法。这只狗（和猫）的义行，比前文提到的无锡李大夫家里的更甚。但凡是个动物就有佛性的说法，在此又得到验证。

绍兴中，乐平魏彦成安行为徐州守，全椒县结正一死囚狱案云：县外二十里有山庵，颇幽僻，常时惟樵农往来。一僧居之，独雇村仆供薪爨之役。养一猫极驯，每日在傍，夜则宿于床下；一犬尤可爱，俗所谓狮狗者。僧尝遣仆买盐，际暮未反，凶盗乘虚抵其处，杀僧，而包裹钵囊所有，出宿于外。明日入县，此犬窃随以行，遇有人相聚处，则奋而前视盗嗥，行又随之，至于四五，乃洎县市，愈追逐哀鸣。市多识庵中犬，且讶其异，共扣盗曰："犬如有恨汝意，得非去庵中作罪过乎？"盗虽强辩数次，然低首如怖伏状。即与俱还庵，僧已死。时正微暑，猫守卧其傍，故鼠不加害。执盗赴狱，不能一词抵隐，遂受刑。此犬之义，甚似前志所纪无锡李大夫家者也。蠢动含灵皆有佛情，此又可信云。——［南宋］洪迈《夷坚志》

◎佛救翻胃

南宋初年，平江县（今属湖南岳阳）僧人惠恭得了胃中翻动之病，吃不下喝不下。某夜梦到一只狸猫从他后肩跳到了他肚子里，从此胃病就更重了。每次经过集市看到鱼，就特别想吃。于是发愿念“观音菩萨”法号共计一百万遍，而且每天坚持念一百零八遍《大悲咒》。后来又梦到自己来到一座山中，遇到一个道士，道士宽慰他说：“我给你药。”不久有一个青衣小童用笼子装来一只鸡，前面梦到的那只猫就从僧人口中出来，直接进了笼子去抓鸡，僧人至此惊醒，病一下子就好了。

平江僧惠恭，病翻胃，不能饮食。夜梦一狸猫自项背入腹中，从此日甚。每过市见鱼，深起嗜想。遂发意诵“观音菩萨”百万声，日持《大悲咒》百八遍。复梦至山中遇道人，相慰问曰：“吾与汝药。”俄青衣童笼一鸡至，前猫自僧口出，径入笼擒鸡，因惊觉，病顿愈。——［南宋］洪迈《夷坚志》

◎了达活鼠

南宋初年，吉州（治所在今江西吉水北）隆庆寺了达长老说：他曾经寄居在袁州（今属江西宜春）仰山寺，本来约好和几个共同参休的僧人一起到其他郡县行脚。但当了达整理行装时，拿过斗笠来看，发现里面有一个老鼠窝，垫的是碎布碎纸，五个鼠崽还没睁开眼睛，就在那里叫唤。了达想要把老鼠窝弄出去，但又担心鼠崽会死，于是向同行之人道歉，托言其他原因而不再同往。几天后，五鼠都能走了，了达就用粥来喂它们。每晚老鼠就住在斗笠里，十多天以后才消失不见。小老鼠走后，斗笠中洁净得没有一点残渣污秽，了达还得到一个干净的斗笠套子和一角茶。了达以为斗笠套子和茶是老鼠偷来的，所以给它挂在了禅堂里，但三天过去了都没见人来拿。于是了达通过寺中住持告诉众人这些事，把茶拿出来供养佛祖，然后离开了袁州。从此之后，了达所到之处不再养猫，老鼠也不出来搞破坏。

吉州隆庆长老了达，言尝寓袁州仰山寺，与同参数人，约往他郡行脚。取笠欲治装，见笠内有鼠窠，实以碎绢纸，新生鼠未开目者五枚，啾啾然。达欲去之，恐其死，乃谢同行者，托以他故不往。又数日，五鼠能行，达以粥食饲之。每夕宿笠中，旬余始不见。其中洁然无滓秽，得净笠衣及茶一角。达意其窃以来，悬之僧堂，三日无取者。于是白主者告于众，以其茶为供而行。自是所至不蓄猫，鼠亦不为害。——［南宋］洪迈《夷坚志》

◎张二之子

鄱阳城中居民张二，靠卖粥生活。他有个十九岁的儿子，酗酒无赖，喝醉了连父母都要骂，所以邻居都很讨厌张二的这个儿子。乾道七年（1171）二月，儿子睡在祖父的榻上，半夜忽然受惊跳动，想说话又说不出来，家人救治了两个多小时他才醒过来。缓了好一会儿才说：“我被穿黄衫的人叫走，他们逼我进入一个浴室中，四面都是火热的蒸汽，热得人不敢靠近，我在里面号叫折腾，感觉到有人在外面拉我，但我身子出不去。这样过了一段时间，忽然我就醒了。”说这是梦魇吧，然而这经历又显得特别真切。不久天亮了，父亲到厨房煮粥，发现母猫刚在炉灶中产下五只小猫，其中一只已经死了，于是他怀疑这就是儿子刚才陷入的皮囊。从此之后，儿子才知道后悔害怕，发誓不再酗酒，彻底改过自新。

番阳城中民张二，以卖粥为业。有子十九岁矣，嗜酒亡赖，每醉时，虽父母亦遭咄骂，邻里皆恶之。乾道七年二月，寝于乃祖榻上，夜半忽惊蹶，介介不能出声，救疗逾十刻方醒。久之能言曰：“为黄衫人呼去，逼入浴室中，四向皆焊火，热不可向，啼叫展转，觉有人在外相援，而身不得出。如是移时，欻然而寤。”谓为梦魇，然境界历历可想也。俄顷鸡唱，父诣厨作粥，牝猫适产五子于灶中，其一死矣，疑是儿所堕处云。自是始知悔惧，设誓不饮酒，尽改故态。——［南宋］洪迈《夷坚志》

◎黄主簿画眉

黄祝字绍先，官居鄱阳县（今属江西上饶）主簿。南宋庆元二年（1196）四月，有一个窃贼潜入黄家，收拾了一些衣服被子，分别放在了两个包裹中。黄家养着一只十分驯顺的画眉鸟，听得懂人说话，这夜一家人都睡熟了，画眉却在笼子里跳跃鸣叫不止。家人听到了，还以为是画眉正在被猫捕杀，赶紧起来查看，发现原来是有盗贼。窃贼怕了，急忙逃走，因而落下一个包裹。黄祝这才发现真相，赶紧派仆人去追贼，可已经追不上了。一只小鸟虽然无足轻重，但能对人的养育产生感恩，知道如此报答，人跟它相比也会感到惭愧。

黄祝绍先，为鄱阳主簿。庆元二年四月，有偷儿入室，收拾衣衾，分置两囊。临欲去，黄氏育画眉颇驯，解人语，是夜一家熟睡，禽忽踯躅笼中，鸣呼不辍。闻者以为遭猫搏噬，遽起视之。盗惊惧，急走，遗一囊。黄亦觉，遣仆追蹑，已失之。一禽之微，怀哺养之恩，而知所报如此，人盖有愧焉。——［南宋］洪迈《夷坚志》

◎干红猫

南宋临安（今杭州）城北门外西边的小巷子里，平民孙三住在那里。孙氏一夫一妻，并无儿女。每天早上孙三带着熟肉出门去卖，经常会告诫妻子说：“照顾好猫啊！京城里并没有这个品种，不要让外人见到。如果放出去，一定会被人偷走。我老了，也没个孩子，爱惜这猫跟我亲生子女没有差别。一定要注意呀！”每天不断重复。邻居和他家没有多少来往，但经常听到他这样说。有人就说：“想必是只虎斑猫，以前挺难得的，如今也不怎么稀奇了。这个老头喋喋不休地说着保护持守，真是可笑呀！”

有一天，猫忽然拽着绳出来了，刚到门口，孙三的妻子就急忙抱了回去，见到的人都表示惊奇。原来那只猫是深红色的，尾巴和脚上的毛色都是，见到的人没有不感到惊奇和羡慕的。孙三回来，将妻子痛打了一顿。不久，事情渐渐被宫里的太监听说了，太监就派人出高价要买，孙三拒绝说:“我孤独贫困一生，有饭吃就可以，没有更多要用钱的地方。我爱这只猫如同自己的性命，怎么能够割舍给别人呢?”太监便强迫孙三，终于用三百千的钱硬给买走。孙三痛哭，又打了妻子，整天叹息惆怅。

太监得到猫后极度欢喜，想要调教好了再进献给皇帝。不久猫的毛色逐渐变淡，才过了半月就已经完全变成了白猫。跑去访查，发现孙三已经搬家了。大概孙三用的是给马缨染色的办法，长时间作假，而前面的告诫打骂都是奸计。(这件事是马相孟章讲的，大概他曾亲眼所见。)

临安内北门外西边小巷，民孙三者居之。一夫一妻，无男女，每旦携熟肉出售，常戒其妻曰:“照管猫儿。都城并无此种，莫要教外间见。若放出，必被人偷去。我老无子，抚惜他便与亲生孩儿一般。切须挂意。”日日申言不已。邻里未尝相往还，但数闻其语。或云:“想只是虎斑，旧时罕有，如今亦不足贵。此翁忉忉护守，为可笑也。”

一日，忽拽索出，到门，妻急抱回，见者皆骇。猫干红深色，尾足毛须尽然，无不叹羡。孙三归，痛棰厥妻。已而浸浸达于内侍之耳，即遣人以厚直评买。而孙拒之曰:“我孤贫一世，有饭吃便了，无用钱处。爱此猫如性命，岂能割舍?”内侍求之甚力，竟以钱三百千取之。孙垂泣分付，复棰妻，仍终夕嗟怅。

内侍得猫，不胜喜，欲调驯安帖，乃以进入。已而色泽渐淡，才及半月，全成白猫。走访孙氏，既徙居矣。盖用染马缨绋之法，积日为伪，前之告戒棰怒，悉奸计也。(马相孟章说，盖亲见之。)——［南宋］洪迈《夷坚志》

◎猫带数十鼠

南宋宁宗庆元元年（1195）六月，鄱阳县居民家中发现一只猫带着几十只老鼠，行动、饮食、睡觉都在一起，就像母亲带着孩子一样。民众杀了猫，老鼠们还来舔食猫血。老鼠象征着盗贼，猫的职责是捕鼠，现在猫却反过来跟老鼠和平共处，这是官员渎职的象征。唐代龙朔年间（661—663）洛州猫鼠同处的象征意义和这个是一样的。

庆元元年六月，鄱阳县民家一猫带数十鼠，行止食息皆同，如母子相哺者，民杀猫而鼠舐其血。鼠象盗，猫职捕，而反相与同处，司盗废职之象也。唐龙朔洛州猫鼠同占。——［宋末元初］马端临《文献通考》

◎竹猫

南宋临安（今杭州）街市上，小商贩卖的有竹猫儿（《猫苑》引黄钊说，以为是竹制捕鼠器），带机关的物品（“消息”在古代有机关的意思）、老鼠药、蚊香……，还有卖猫窝的，卖专供猫儿食用的小鱼的，卖猫儿的，给猫狗美容的……

竹猫儿、消息子、老鼠药、蚊烟……猫窝、猫鱼、卖猫儿、改猫犬……——［宋末元初］周密《武林旧事》

金 元

◎仙猫洞

天坛山上有一个仙猫洞，相传五代时的得道之士燕真人丹成飞升时，家里的鸡和狗也跟着升天了，唯独猫留了下来。猫在洞中已有数百年了。游人来到洞前喊“仙哥”，时不时会听到它的应答。

天坛中岩有仙猫洞。世传燕真人丹成，鸡犬亦升仙，而猫独不去。在洞已数百年，游人至洞前呼“仙哥”，间有应者。——［金］元好问《续夷坚志》

◎贞燕

元元贞二年（1296），有一对燕子筑巢于燕（今北京一带）人柳汤佐之家。某夜，家人捉蝎子时举灯照明，雄燕不小心惊落，遂为猫儿捕食。雌燕因此徘徊悲鸣不已，日夜守着燕巢，直到雏燕长大飞离。第二年，雌燕又独自飞回柳家，并在原来的地方筑巢。人见巢中有二卵，怀疑雌燕已另寻配偶。但经过慢慢观察，所谓二卵，只是两个空壳。自此春去秋来，共计六载，燕来如故。看到的人纷纷感到惊异，称之为坚贞的燕子。这事是长沙冯子振记录的。

元贞二年，双燕巢于燕人柳汤佐之家，一夕家人以灯照蝎，其雄惊坠，猫食之，雌彷徨悲鸣不已，朝夕守巢，哺诸雏成翼而去。明年，雌独来，复巢其处。人视巢生二卵，疑其更偶。徐伺

之，则抱独之壳尔。自是春来秋去，凡六稔。观者哗然，目为贞燕云。长沙冯子振[①]记。——［元］王逢《梧溪集》附《贞燕记》

王逢《读贞燕记有怀鲁道原提学》原诗："天涯老孤臣，想像赋贞燕。空梁泥屡落，故渚自冰泮（pàn）[②]。影托明镜鸾[③]，梦接长门雁[④]。飞云轩不归，自语清商怨[⑤]。"

明 代

◎猫食盆

衣服器皿，各个时代都有流行的风格，即使是一些小玩具，也会随着时代而变化，有时会极为精巧。明代的皇宫里流行斗蟋蟀，养蟋蟀的盆稍小于斗蟋蟀的盆，每个盆都价值十多两银子。又喜欢养猫，给猫取了各种好听的名字，比如纯白色的叫"一块玉"，身黑腹白的叫"乌云罩

① 冯子振，元代攸州（今湖南攸县）人，其地于汉代曾属长沙国（郡）。

② 泮，消融。《诗经·邶风·匏有苦叶》："士如归妻，迨冰未泮。"这里用"冰泮"暗指燕偶生死隔绝，同时点出燕子来时的季节是春季。

③ 传说西域某个国王曾捕获一只鸾鸟，但鸾鸟不鸣叫，后来以镜对之，鸾鸟因而悲鸣，试图奋飞而绝命，事见《艺文类聚》卷九十引南朝宋范泰《鸾鸟诗序》。

④ 唐杜牧《早雁》诗："仙掌月明孤影过，长门灯暗数声来。"用西汉武帝时陈皇后幽居长门宫失宠事。

⑤ 清商怨，本为词牌名，此处当泛指忧郁的心情。

雪”，黄尾白身的叫“金钩挂玉瓶”之类，甚至有染成大红色的。喂猫的器皿，用上等的铜料制作，至今（清康熙年间）保存的宣德炉里还有叫“猫食盆”的，比养蟋蟀的小盆更贵重。

服饰器用，有一时之好尚，即戏弄小物，亦因时制宜，而穷工极巧者。明时内官家，以斗促织为能事，其养促织之盆，稍小于斗促织之盆，一盆皆价值十数金。又喜畜猫，各编以美名，如纯白者名“一块玉”，身黑而腹白者名“乌云罩雪”，黄尾白身者名“金钩挂玉瓶”之类，甚有染色大红者。其饲猫之器皿，用上号铜质制造，今宣炉内有名“猫食盆”者是也，价更重于促织小盆。——［清］刘廷玑《在园杂志》

◎猫王

福建布政使朱彰本来是两广一带的人，客居于苏州。明景泰（1450—1456）初年，被贬官为陕西庄浪（今属甘肃平凉）驿官。有西域使臣来中国进贡一只猫，路过庄浪驿。朱彰接待时，让翻译官问外宾这只猫有什么奇异之处，以至于值得进献我国。使臣写出来说：“想要知道有什么奇异之处，请于今晚试验一下。”于是用带罩子的铁笼锁住猫，外面又加了一层铁笼，放在空房子里。第二天起来查看，发现有几十只老鼠死在了笼子外面。使臣说：“这只猫所处的地方，即使是几里之外的地方，老鼠都会前来受死。”大概它就是猫中之王。（以上都是训导[1]谢瑞说的。）

① 训导，明清地方学校之学官。

福建布政使朱彰，交趾人，而寓于苏。景泰初，谪为陕西庄浪驿丞。有西蕃使臣入贡一猫，道经于驿，彰馆之，使译问猫何异而上供。使臣书示云："欲知其异，今夕请试之。"其猫盛罩于铁笼，以铁笼两重，纳着空屋内。明日起视，有数十鼠伏笼外尽死。使臣云："此猫所在，虽数里外鼠皆来伏死。"盖猫之王也。（谢训导瑞说。）——［明］郎瑛《庚巳编》

◎李孔修

明中期的李孔修，字子长，广东顺德人，尤其擅长画猫。各路官员写信求画，就是得不到。曾经因为欠了樵夫的钱，就画了一只猫给樵夫，樵夫很不高兴。但樵夫在半路时，人们都争着来买那幅画。不久樵夫又想用柴火来换画，李孔修便笑而不答了。

明李孔修，字子长，顺德人，画猫绝工。公卿以笺素求之，辄不可得。尝负樵薪钱，画一猫与之，樵者怏怏，中途人争购之。已而樵者复以薪求画，笑而不应。——［清］黄汉《猫苑·名物》引《广东通志》

◎猫有五德

明代万寿寺有一位彬禅师，一次会客，见一旁蹲了一只猫，就对客人说："人家说鸡有五德，我说我这猫也有五德：见了老鼠不去抓，这是仁德；老鼠抢食物时猫让着，这叫义气；来客人时饭菜一上来猫就出去，这是有礼貌；你把食物藏得再严密它也能翻出来偷吃，这是聪明；每年

［明］李孔修《猫》

冬天就钻灶膛取暖，这是讲信用。”

万寿僧彬师尝对客，猫踞其旁，谓客曰：“人言鸡有五德，此猫亦有之：见鼠不捕，仁也；鼠夺其食而让之，义也；客至设馔则出，礼也；藏物甚密而能窃食，知也；每冬月辄入灶，信也。”——［明］冯梦龙《古今谈概》

◎貌兽

拘缨国进献了一种名叫“貌”的兽，三国吴大帝孙权当政时尚有人见到。此兽常常躲进屋里，偷吃之后会大叫。但人去找它的时候，却又找不到。所以至今（明万历年间）吴地（今江苏苏州一带）民间仍有一种游戏，就是伸出空拳来跟小孩说：“我吃了你。”然后张开手掌说：“貌。”

拘缨国献一兽，名貌。吴大帝时，尚有见者。其兽善遁入人室中，窃食已，大叫。人觅之，即不见矣。故至今吴俗以空拳戏小儿曰：“吾啖汝。”已而开拳曰：“貌。”——［明］冯梦龙《古今谈概》

小贴士

这个游戏从明代至今，一直广泛存在于民间。貌、猫、毛、冇（mǎo）皆一音之转，都表示“无”。

◎金华猫精

浙江金华的猫，民间饲养三年以后，常常在半夜蹲在屋顶上对着月亮吸取其精华，时间长了就能变成妖怪，进入深山幽谷中，或入佛殿、文庙中，以之为窝。白天隐藏起来，晚上出来迷惑人。遇见女子它就变成美男子，遇见男子它就变成美女。每次到了人家里，会先在水中小便，人喝了被污染的水就看不到妖怪的身形。凡是遇上这种妖怪的，刚发病时还像做梦一样，渐渐就成了病。家里人夜里用青衣盖在被子上，早晨去看，如果有猫毛，就会秘邀猎户，牵几条猎狗来家里捉猫，把猫皮剥了，肉烤熟了给病人吃，方可痊愈。如果男子病了抓到的却是公猫，女子病了抓到的却是母猫，就治不好了。很多人因此而死亡。金华府学的张老师有个十八岁的女儿，长得特别好看，被妖怪侵犯后，头发都掉光了，后来抓获公猫治疗，身体才得以痊愈。苏州训导王玉的次子跟着父亲在金华的任上也遭此祸事，几年后还乡才得以存生。现在金华当地不敢养黄毛猫，因为成精的猫多是黄色的。王玉的孙子王祖福曾经说过这件事。

金华猫，人家畜之三年后，每于中宵，蹲踞屋上，仰口对月，吸其精，久而作怪，入深山幽谷或佛殿、文庙中为穴，朝伏匿，暮出魅人。逢妇则变美男，逢男则变美女。每至人家，先溺于水中，人饮之则莫见其形。凡遇怪者，来时如梦，日渐成疾。家人夜以青衣覆被上，迟明视之，若有毛，必潜约猎徒，牵数犬，至家擒猫，剥皮炙肉，以食病者，方愈。若男病而获雄，女病而获雌，则不可治矣。人多为是迟疑至死者。府学张教官有女，年十八，殊色也，为怪所侵，发尽落，后擒雄猫始瘳。吾苏王训导玉次子随任，亦罹此祸，数年还乡得生。今其地不敢畜黄

猫，以成精者多是类也。王之孙祖福尝道其事。——［明］陆延枝《说听》

◎殉主

南京有一个富户，把祖产败光了，不能承受讨债者的逼迫，决心自杀。一天，他买来酒菜和妻子诀别，夫妻俩相对而泣，不忍心吃喝，于是双双自缢身亡。家里有只猫，哀鸣徘徊，桌子上的菜肴它一点也不吃，几天后就饿死了。

金陵闾右子，荡覆先业，不胜逋责，决意自尽。一日市酒肴与妻永诀，夫妻对泣，不忍饮食，遂相与缢焉。家有猫，哀鸣踯躅，其肴在案不顾也，数日不食死。——［明］刘元卿《贤弈编》

◎猫号

齐奄家里养了一只猫，自己觉得很珍奇，对别人说这只猫叫“虎猫”。有人劝他说:“虎确实凶猛，但不如龙神通，请改称‘龙猫’。”又有人劝他说:“龙固然比虎神通，但龙飞上天还需要云来托举，云比龙更重要，不如改称‘云猫’。”又有人劝说:“云雾可以遮蔽天日，风一下子就给它吹散了，云固然敌不过风，请改称‘风猫’。”又有人劝说:“大风吹起来，只有墙可以抵挡。风怎么能奈何得了墙？请改称‘墙猫’。”又有人劝说:“墙虽然坚固，老鼠却可以在上面打洞，洞打多了墙就会塌掉。墙怎么能奈何得了老鼠呢？就改称‘鼠猫’也是可以的。”东里文人嘲笑道:“啊，捕鼠的本当是猫，猫就是猫，刻意而为会失去其本来面目啊！”

齐奄家畜一猫，自奇之，号于人曰虎猫。客说之曰：“虎诚猛，不如龙之神也，请更名曰龙猫。”又客说之曰：“龙固神于虎也，龙升天须浮云，云其尚于龙乎，不如名曰云。”又客说之曰：“云霭蔽天，风倏散之，云固不敌风也，请更名曰风。”又客说之曰：“大风飚起，维屏以墙，斯足蔽矣。风其如墙何？名之曰墙猫可。”又客说之曰：“维墙虽固，维鼠穴之，墙斯圮矣。墙又如鼠何？即名曰鼠猫可也。”东里文人嗤之曰：“噫嘻，捕鼠者故猫也，猫即猫耳，故为自失本真哉！”——［明］刘元卿《贤弈编》

◎孔廪巨鼠

明代，衍圣公[1]家的粮仓中有大老鼠肆虐，被咬死的猫不计其数。后来有一天，有西方来的商人带来一只猫，长得也很普通，但要价五十两银子，说：“包治鼠患。”衍圣公不信，西商签好文书，然后把猫放进粮仓，说：“能制服老鼠我再收钱。”于是衍圣公听从了西商的话。猫进入粮仓后，就在粮食上挖了个洞把身子藏进去，只露出了嘴巴在外面。老鼠从它旁边经过，闻了一下，猫忽然跳起来，咬住了老鼠的喉咙。老鼠惨叫跳跃，在房梁上上上下下达几十次，猫就咬得更紧了，这才咬断了老鼠的喉咙，但猫也用尽了力气，两者都死了。第二天早上去查看，发现那只老鼠竟然重三十多斤。衍圣公就如数给了西商猫钱。

衍圣公庾廪中，有巨鼠为暴，狸奴被啖者，不可胜数。一日，有西商携一猫至，形亦如常，索价五十金，曰：“保为公杀

① 衍圣公，孔子嫡长子孙的世袭封号。

此。”公不信，商固要文契而纵之，曰：“克则受金。”公乃听之。猫入廪，穴米自覆而露其喙。鼠行其旁，嗅之，猫跃起，啮其喉，鼠哀鸣跳跃，上下于梁者数十度，余猫持之愈力，遂断其喉，猫亦力尽，俱毙。明旦验视，鼠重三十余斤。公乃如约酬商。——［明］王兆云《湖海搜奇》

小贴士

今所见《湖海搜奇》缺此文，上文为综合《坚瓠集》及《寄园寄所寄》所引而来。《猫苑》引《新齐谐》（即《子不语》）略同，不同者一是讳“衍圣公”为“一家”，二是“鼠过其前，初若不见者；俟鼠稍倦，乃突出衔之”一句。今所见袁枚《新齐谐》中无此文。

◎不斩不休

学习禅宗公案时，要明白果断，如同猫捉老鼠。古人所谓“不杀猫儿誓不罢休”。不然，就像坐在鬼住的洞窟中，迷迷糊糊度过一生，有什么好处？

猫捕鼠时，睁开双眼，四足撑好，直到捉住了老鼠，把老鼠叼在嘴里了才罢休。纵使有鸡狗在一旁，都没有时间管。参禅也是这样。一门心思要参透这禅机，纵然有各种外界干扰，也没空管。一旦有了别的念头，非但老鼠拿不住，猫也会跑掉。

做工夫举起话头时，要历历明明，如猫捕鼠相似。古所谓

"不斩狸奴誓不休"[1]。不然，则坐在鬼窟里，昏昏沉沉，过了一生，有何所益？

猫捕鼠，睁开两眼，四脚撑撑，只要拿鼠，到口始得。纵有鸡犬在傍，亦不暇顾。参禅者亦复如是。只是愤然要明此理，纵八境交错于前，亦不暇顾。才有别念，非但鼠，兼走却猫儿。——［明］《博山无异大师语录集要·拈古》

◎御前最重

明代皇宫中除了饲养虎豹等珍奇之兽外，还设有百鸟房，专门饲养各种外国进贡的珍奇鸟类，各种都有，真足以骇人心目。万历皇帝明神宗朱翊钧最重视的是猫，其中受皇帝喜爱的及后妃各宫苑里所养的，都会给一定的官职，而且其称谓更是新奇：母猫叫"某丫头"，公猫叫"某小厮"；如果是已经阉割的，就叫"某老爹"，直至有加官晋爵的，直接叫"某管事"。都按照太监的薪资标准一起领受赏赐。这不过是宦官出于贪欲而做出的，跟北齐后主拜宠物狗为"郡君"和"仪同"类似。

另外，猫生性喜欢跳跃，宫里降生的金枝玉叶，没等成年，遇上猫和猫打架，或者母猫叫春，往往会被吓病。乳母又不敢明说，最终多导致皇子夭亡。这些都是宦官亲口说的，似乎也不是妄言。另外，曾经看见太监养的阉割过的猫，其中高大的，往往比一般的狗还大。而狗又以小

① 《博山无异大师语录集要·报陈熙塘方伯》："祖不云乎，不斩狸奴誓不休。"当是活用南泉斩猫公案，比喻坚定的求佛参禅之心。

巧为贵，其中最小的如波斯、金线一类，反而比猫小好几倍，常常裹在人袖子里，叫它它就出来，能遂人心，且叫声雄健，就跟豹子一样。

大内自畜虎豹诸奇兽外，又有百鸟房，则海外珍禽，靡所不备，真足洞心骇目。至于御前，又最重猫儿，其为上所怜爱及后妃各宫所畜者，加至管事职衔，且其称谓更奇：牝者曰某丫头，牡者曰某小厮；若已骟者，则呼曰某老爹；至进而有名封，直谓之某管事。但随内官数内同领赏赐。此不过左貂辈缘以溪壑，然得无似高齐之郡君仪同耶？

又猫性最喜跳蓦，宫中圣胤初诞未长成者，间遇其相遘而争，相诱而嗥，往往惊搐成疾。其乳母又不敢明言，多至不育。此皆内臣亲道之者，似亦不妄。又尝见内臣家所畜骟猫，其高大者逾于寻常家犬；而犬又贵小种，其最小者如波斯、金线之属，反小于猫数倍，每包裹置袖中，呼之即自出，能如人意，声甚雄，殷殷如豹。——［明］沈德符《万历野获编》

◎大鼠

明万历年间，皇宫中出现了一只大老鼠，体型与猫相等，祸害得厉害。遍向民间征求好猫来捕杀，但都被老鼠吃掉了。刚巧外国来进贡狮子猫，那猫毛白如雪。人们把它抱到老鼠出现的屋子里，关上门窗，偷偷察看。只见猫长时间蹲在那里，老鼠从容地出洞来，看到猫就愤怒地跑过去。猫却避开老鼠登上几案，老鼠也登上几案，猫就跳下去。就这样来回不下百次，众人都说猫胆怯，认为是只无能的猫。不久老鼠跳动得逐渐迟缓，大肚子似乎喘得厉害，蹲在地上想要稍微休息。猫就疾速跳下，用爪子抓着老鼠头顶的毛，口咬老鼠的头部和颈部，辗转争斗之间，猫的叫声呜呜低沉，老鼠的叫声啾啾凄惨。开门急忙察看，发现老鼠的头已经被嚼碎了。然后人们才知道猫的退避不是怯懦，而是在等老鼠懈怠。敌进我退，敌退我进，这是用智。啊，普通人发怒时跟那只老鼠是一样的！

万历间，宫中有鼠，大与猫等，为害甚剧。遍求民间佳猫捕制之，辄被啖食。适异国来贡狮猫，毛白如雪。抱投鼠屋，阖其扉，潜窥之。猫蹲良久，鼠逡巡自穴中出，见猫怒奔之。猫避登几上，鼠亦登，猫则跃下。如此往复，不啻百次。众咸谓猫怯，以为是无能为者。既而鼠跳掷渐迟，硕腹似喘，蹲地上少休。猫即疾下，爪掬顶毛，口龁首领，辗转争持，猫声呜呜，鼠声啾啾。启扉急视，则鼠首已嚼碎矣。然后知猫之避非怯也，待其惰也。彼出则归，彼归则复，用此智耳。噫！匹夫按剑何异鼠乎！——［清］蒲松龄《聊斋志异》

小贴士

且不说真有大鼠与否，即使有，恐怕也不必非要猫去制服。莫说猫一样大的老鼠，就是虎一样大的，恐怕也经不起人类的刀枪弓矢。传闻之荒诞失真，有时就是这么可笑。然而通过这个故事，我们也可以读出“一物降一物”“猫抓老鼠”是何等深入人心。即使在当代，我也遇到过学生问我：“上古没有家猫，那怎么抓老鼠呢？”另外，白毛狮子猫通常反而不擅长捕鼠，因为基因决定了它很可能会有听力障碍。人们喜欢白毛狮子猫，是因为它好看、温顺，而不是因为它擅长捕鼠。

◎丫头、老爷

天启皇帝明熹宗朱由校喜欢猫，猫儿房中养的猫十个五个地成群结队。公猫被人称作“某小厮”，母猫被称作“某丫头”[①]，有的还给加上官职称作“某老爷”，比照宦官标准发放俸禄。

明代宫中的猫狗都有官名和俸禄，给宫中贵宠养猫的人常把猫叫作“老爷”。

上好猫，猫儿房所饲，十五成群。牡者人称某小厮，牝者称某丫头，或加职衔称某老爷，比中官例关赏。——［明］陈悰《天启宫中词》

前朝大内猫犬皆有官名、食俸，中贵养者常呼猫为“老爷”。——［清］宋荦《筠廊偶笔》

《天启宫中词》本词为：“红罽（jì）[②]无尘白昼长，丫头日日侍君王。御厨余沥[③]分沾惯，不羡人间薄荷香。”

---

① 小厮和丫头（即丫环）都是年轻仆役的意思。

② 罽，毛毯。

③ 余沥，剩余的酒。

◎开眼曰猫

明末，密云禅师在金粟山（今浙江海盐西南）宣讲佛法，少年僧人寂然前去求教“父母未生前”这个公案中的禅机。密云禅师用手遮住面部，然后忽然岔开手指睁开眼睛，说：“猫！”寂然当即顿悟：“唐代百丈怀海禅师为领悟佛法几乎耳聋，黄檗希运禅师为此吐出舌头，我才知道这些开悟故事都是真的。”

密云和尚开法金粟，师往参问父母未生前话。云以手掩面，擘开眼曰：“猫。”师遂醒悟：“百丈耳聋，黄檗吐石[①]，信知有者[②]般时节。”——［清］陶元藻《全浙诗话》

① “石”当作“舌”。
② “者”通“这”。

九　清代以来的猫咪故事

◎义猫

陆墓镇（在今苏州相城区元和街道中）一户人家欠了官税，扔下房子逃跑了。家里就剩下一只猫被催租者带走，卖到了苏州城西的阊门处徽州人的商铺，徽州的客商十分喜欢这只猫。一年多以后，原主人经过阊门时，在嘈杂的人群中，猫忽然跳到他怀里。这一幕被徽商看到后，徽商就把猫夺了回来。猫悲伤地叫着，不断地回头看。原主人夜里在船上睡觉时，听到船板上有声音，一看才发现是那只猫。猫嘴里叼着绫质的佩巾，里面包着五两多银子。原主人特别穷，得到这些银子非常高兴。第二天早上，见到有卖鱼的，就买鱼喂猫。没喂完，猫就因肠胃穿刺而死，主人伤心哭泣着把猫安葬了。

陆墓一民负官租，空室出避。家独一猫，催租者持去，卖于阊门徽铺，徽客颇受玩之。已年余，一日民过其地，人丛嘈杂中，猫忽跃入其怀。为铺中人见，夺之而去，猫辄悲鸣，顾视不已。民夜卧舟中，闻板上有声，视之，猫也。口衔一绫帨，帨内有银五两余。民贫甚，得银大喜。明晨，见有卖鱼者，买鱼饲之。饲不已，猫遂伤腹死。民哀泣而埋之。——［清］褚人获《坚瓠集·坚瓠广集》

◎豢鼠

苏州张氏住在都察院的东面，每天聚集着成群的老鼠。围观者纷纷而来，就给张氏投去铜钱。张家本来贫苦，有赖于此而稍富裕。后来有个无赖，怀揣着一只猫来。当群鼠受召唤而出时，无赖便把猫投了过去，猫吃了一两只老鼠，剩下的都受惊逃走了，后来竟再也没有出来过。从此之后，张家的吃穿就没了着落。

吾苏张氏，居都宪行台之东，日聚群鼠。观者纷至，辄投以钱。家贫，赖以稍裕。后有无赖，怀一猫以往。群鼠应呼而出，掷之以猫，啖其一二，余俱惊避，后竟不出。张氏衣食绝焉。——［清］褚人获《坚瓠集·坚瓠秘集》

◎猫治鼠怪

明末清初时，盐城令张云在任时养有一只猫，很讨人喜欢。后来张云升任御史，带此猫一同赴任。来到一所巡按察院，听说院内向来多鬼魅，别人不敢进，张云却坚持要住进去。夜晚敲二鼓时分，有一个白衣人来向张云求宿。这时，张云的猫忽然将那白衣人一口咬死了。张云一看，原来那白衣人是一只白老鼠。从此之后，此巡按察院中再也没有闹过鬼怪。

盐城令张云，在任养一猫，甚喜。及行取御史，带之同行。至一察院，素多鬼魅，人不敢入，云必进宿。夜二鼓，有白衣人，向张求宿，被猫一口咬死。视之，乃一白鼠。怪遂绝。——［清］褚人获《坚瓠集·坚瓠秘集》

◎沉香棺瘗（yì）

清初礼部尚书合肥人龚鼎孳（zī）所宠幸的夫人顾媚，生性爱猫。有只叫乌员的猫，每天都在花栏绣榻之间跟顾媚一起徘徊嬉戏。顾媚对它的珍爱程度超过掌上明珠。喂的都是精餐好鱼，结果把猫撑死了。顾夫人因此郁郁寡欢了好多天，以至于无心吃饭。龚鼎孳特意用沉香木做棺材埋葬这只猫，还请了十二个尼姑，开了三天三夜的道场来超度它。

合肥宗伯所宠顾夫人，名媚，性爱狸奴。有字乌员者，日于花栏绣榻间徘徊抚玩，珍重之意，逾于掌珠。饲以精粲嘉鱼，过餍而毙。夫人惋悒累日，至为辍膳。宗伯特以沉香斫棺瘗之，延十二女僧，建道场三昼夜。——［清］钮琇《觚剩》

◎混账狮猫[1]

那日庙上卖着两件奇异的活宝，围住了许多人看，只出不起价钱。晁大舍也着人拨开了众人，才入里面去看。只见一个金漆大大的方笼，笼内贴一边安了一张小小朱红漆几桌，桌上一小本磁青纸泥金写的《般若心经》，桌上一个拱线镶边玄色心的芦花垫，垫上坐着一个大红长毛的肥胖狮子猫，那猫吃得饱饱的，闭着眼，朝着那本经睡着打呼卢。

那卖猫的人说道："这猫是西竺国如来菩萨家的，只因他不守佛戒，把一个偷琉璃灯油的老鼠咬杀了。如来恼他，要他与那老鼠偿命。亏不尽那八金刚四菩萨合那十八位罗汉与他再三讨饶，方才赦了他性命，叫西洋国进贡的人捎到中华，罚他与凡人喂养，待五十年，方取他回去。你细听来，他却不是打呼卢，他

① 此猫在原书后文中被人奚落为"一个混账狮猫"。另，此故事为白话文，故直录原文。下同。

是念佛，一句句念道‘观自在菩萨’不住。他说观音大士是救苦难的，要指望观音老母救他回西天去哩。”

晁大舍侧着耳朵听，真真是像念经的一般，说道：“真真奇怪！这一身大红长毛已是世间希奇古怪了，如何又会念经？但那西番原来的人今在何处？我们也见他一见，问个详细。”卖猫人说道：“那西番人进完了贡，等不得卖这猫，我与了他二百五十两银子顿下，打发那番人回去了。”

晁大舍吃了一惊，道：“怎便要这许多银子？可有甚么好处？”那人道：“你看爷说的是甚么话！若是没有好处，拿三四十个钱，放着极好有名色的猫儿不买，却拿着二三百两银子买他？这猫逼鼠是不必说的，但有这猫的去处，周围十里之内，老鼠去得远远的，要个老鼠星儿看看也是没有的。把卖老鼠药的只急得干跳，饿得那口臭牙黄的！这都不为希罕。若有人家养活着这佛猫，有多少天神天将都护卫着哩。凭你甚么妖精鬼怪、狐狸猿猴，成了多大气候，闻着点气儿，死不迭的。说起那张天师来，只干生气罢了。昨日翰林院门口一家子的一个女儿，叫一个狐狸精缠得堪堪待死的火势，请了天坛里两个有名的法师去捉他，差一点儿没叫那狐狸精治造了个臭死。后来贴了张天师亲笔画的符，到了黑夜，那符希流刷拉地怪响，只说是那狐精被天师的符捉住了。谁想不是价，可是那符动弹。见人去看他，那符口吐人言，说道：‘那狐狸精在屋门外头坐着哩，我这泡尿憋得慌，不敢出去溺。’第二日清早，我滴溜着这猫往市上来，打那里经过，正一大些人围着讲话哩。教我也站下听听，说的就是这个。谁想那狐狸精不晓得这猫在外边，往外一跑，看见了这猫，‘抓’的一声，见了本像，死在当面。那家子请我到家，齐整请了我一席

［清］朱耷《安晚册》

［清］沈振麟《猫竹图》

酒，谢了我五两银。我把那狐狸剥了皮，硝得熟，做了一条风领，我戴的就是。”

众人倒仔细听他说了半日，一人道：“这是笑话儿！是打趣张天师符不灵的话！”卖猫人绷着脸说道：“怎么是笑话？见在翰林院对门子住，是翰林院承差家，有招对的话。”

晁大舍听见逼邪，狐精害怕，便有好几分要买的光景，问道：“咱长话短说，真也罢，假也罢，你说实要多少银？我买你的。”那人道：“你看爷说的话！我不图实卖，冷风淘热气的，图卖凉姜哩！年下来人，该人许多账，全靠着这个猫。就是前日买这猫，难道二百五十两银子都是我自己的不成？也还问人揭借了一半添上，才买了。如今这一家货又急忙卖不出去，人家又来讨钱，差不多赚三四个银就发脱了。本等要三百两，让爷十两，只给二百九十两罢。”

晁大舍道：“瞎话！成不的！与你冰光细丝二十九两，天平兑已，你卖不卖，任凭主张。”那人道：“好爷！你老人家就从苏州来，可也一半里头，也还我一半，倒见十抽一起来！”

晁大舍道：“再添你三两，共三十二两，你可也卖了？”那人道：“我只是这年下着急，没银子使，若捱过了年，我留着这猫与人拘邪捉鬼，倒撰他无数的钱。”

晁大舍又听了“拘邪捉鬼”四个字，那里肯打脱？添到三十五、三十八、四十、四十五，那人只是不卖。他那一路上的人恐怕晁大舍使性子，又恐怕旁边人有不帮衬的，打破头屑、做张做智地圆成着，做了五十两银子，卖了。

晁大舍从扶手内拿出一锭大银来递与那人，那人说：“这银虽是一锭元宝，不知够五十两不够？咱们寻个去处兑兑去。”那个圆成的人道："你就没个眼色！这们一位忠诚的爷，难道哄你不成？就差的一二两银子，也没便宜了别人。"一家拿着猫，一家拿着银子，欢天喜地地散了。

那人临去，还趴在地下与那猫磕了两个头，说道："我的佛爷！弟子不是一万分着急，也不肯舍了你。"——［清］西周生《醒世姻缘传》

后文写晁大舍回家后遭到妻子（名"珍哥"）一通奚落，妻子拆穿猫的红毛是染的，念佛本是常事："丫头将一个玳瑁猫捧到。珍哥搂在怀里，也替他脖子底下挠了几把，那玳瑁猫也眯缝了眼，也念起'观自在菩萨'来了。珍哥道：'你听！你那猫值五十两，我这小玳瑁就值六十两！脱不了猫都是这等打呼卢，又是念经不念经哩？'"

◎作猫子叫

清初，平西王吴三桂有个爱妾擅长弹琵琶，她弹的琵琶是用暖玉做的弦柱，琵琶抱出来整个屋子都会变暖，所以被爱妾当宝一样藏着，没有平西王的书面批示是不拿出来的。在一个晚宴上，有客人请求观赏一下宝贝的特别之处。平西王刚好累了，就说明天再看。当时有个名叫保住的将士在一旁，自告奋勇说："不用王爷批示，我也能把琵琶取来。"平西王就派人跑到府中上下各处加强守备，然后让保住去取琵琶。保住翻过了十几重院墙，才到了王爷爱妾住的院子，只见院中灯火通明，但门窗关得很严，根本进不去。廊檐下有一只鹦鹉在架上歇息，于是保住学着猫叫了起来，接着又学鹦鹉叫，大声说“猫来了”，又做出鸟架摇摆和翅膀扇动的声音。只听到爱妾说：“丫环绿奴赶紧去看看，鹦鹉被猫咬死了！”保住藏在灯火昏暗处，很快见到一个女子挑着灯笼出来，刚一开门，保住就挤进屋里，看到爱妾正守护着几案上的琵琶，保住上去就把琵琶抢了过来，然后跑了出去。爱妾惊呼“有贼”，负责防守的家人全都出动了，只看到保住抱着琵琶飞奔，追也追不上了。

王有爱姬善琵琶，所御琵琶，以暖玉为牙柱，抱之一室生温，姬宝藏，非王手谕不出示人。一夕宴集，客请一观其异。王适惰，期以翼日。时住在侧，曰：“不奉王命，臣能取之。”王使人驰告府中，内外戒备，然后遣之。住逾十数重垣，始达姬院，见灯辉室中，而门扃锢，不得入。廊下有鹦鹉宿架上，住乃作猫子叫，既而学鹦鹉鸣，疾呼“猫来”，摆扑之声且急。闻姬云：“绿奴可急视，鹦鹉被扑杀矣！”住隐身暗处，俄一女子挑灯出，身甫离门，住已塞入，见姬守琵琶在几上，住携趋出。姬愕呼“寇至”，防者尽起，见住抱琵琶走，逐之不及。——［清］蒲松龄《聊斋志异·保住》

◎刘海石

刘海石是蒲台县（治所在今山东滨州博兴北）人，在滨州避乱。当时海石年龄只有十四岁，与滨州秀才刘沧客是同学，因为交好，结拜为兄弟。不久，海石父母双亡，所以扶灵柩返乡，与沧客的来往也就断了。

沧客家很富裕，四十岁时，有两个儿子，长子刘吉已经十七岁，是县里有名的秀才，次子也很聪慧。沧客最近又纳了本县倪氏为妾，还特别宠爱她。纳妾半年内，长子得了头疼病死了，沧客夫妻俩因此十分悲痛。没多久，主母也因病而亡，几个月以后大儿媳也死了，家里的婢女、仆役也有人相继死亡。沧客十分伤心，几乎已经承受不住了。

一天，沧客正在家中闲坐发愁，忽然守门人报告说海石来了。沧客高兴地快步出门迎接，正欲寒暄，海石忽然吃惊地说："兄长知道自己有灭门之祸吗？"沧客惊愕万分，不知海石何出此言。海石说："很久没能问候，私下里正怀疑兄长的近况未必很好。"沧客流着泪对弟弟说了自家的情况，海石也叹息了一通，既而笑着说："祸事还没结束，本来我是来慰问兄长的。现在幸运的是遇到了兄弟我，就请为兄长庆贺了。"沧客说："好久没有见面，兄弟难道精通医术了？"海石说："医术我不擅长，但看阳宅风水我很熟。"沧客很高兴，便请求他看看自家宅院。引着海石入家，里里外外看了一个遍，完事海石又请家里人都出来让他相看。沧客答应了他的请求，让次子夫妻以及家里的丫环、小妾都到堂屋中来，并一一介绍给海石。

介绍到小妾倪氏的时候，海石忽然仰头看天，大笑不止。众人正吃惊疑惑时，只见倪氏战栗失态，身体一下子缩短到只有两尺长。海石用戒尺打倪氏的头，发出了敲击石缶的声音。海石又揪着倪氏头发检查其脑后，发现有几根白发，正想拔掉，倪氏就缩着脖子跪着哭，嘴里说着：“我这就走，只求不要拔。”海石生气地说：“你作恶的想法还没断绝吗？”说着就把倪氏脖子后面的白毛拔了去。倪氏当即变成一个像狸猫一样的黑色怪物。

众人十分吃惊。海石把这怪物放到了袖子里，回过头来对新媳说：“侄媳你中毒已经很深了，后背上应该是有异相，请让我查看一下。”新媳怕羞，不肯脱衣服让海石看。沧客的儿子坚定地强迫自己媳妇，人们这才看到她背上果然有四指长的白毛。海石用针把白毛挑出来，说：“这白毛已经老了，不去除的话，七天以后就不可救治了。”又查看了沧客的次子，也发现有才长到二指长的白毛，海石说：“像这样的一个多月之后就会死。”沧客以及家中丫环、奴仆也都有白毛。海石说：“如果不是我刚好来了，一家人都会死的。”

家人问：“这是什么怪物？”海石说：“也是狐妖之类。它吸收人的神气来养成自己的妖法，最擅长害人性命。”沧客说：“这么长时间没见贤弟，贤弟如何这般神通！难道已经成仙了？”海石笑着说：“只是跟着师父学了点小本事，如何能一下子就说成仙？”沧客问海石师父是谁，海石说：“山石道人。刚才这个怪物，我不能治死它，计划带回去之后交给师父。”说完就要告别。

忽然海石觉得袖子里空空的，吃惊地说：“它跑了！尾巴上有大毛没去除，现在已经逃了。”众人都很惊骇。海石说：“怪物后颈的白毛已经拔光，不能再变成人了，只能变成兽类，也没逃出去多远。”于是进入室内看了猫，出门又叫了狗，说都不是怪物。打开猪圈，海石笑着说：“在这里呢。”沧客一看，圈里多了一头猪，那猪听到海石的笑声，当下趴在那里一动不敢动。海石把怪物提着耳朵捉出来，看到尾巴上有根白毛，像针一样硬。正想挑出来拔掉，那猪扭身哀叫，不让拔。海石说：“你造了这么多孽，难道一毛不拔吗？”说完抓着怪物就把那白毛拔了下来，完事怪物又变成了狸。

海石把怪物再次放到袖子里，然后就想离开，沧客苦苦挽留，这才留下来吃了一顿饭。沧客问何时再见面，海石说：“这很难预计。家师立下了宏大的愿望，常常让我们这些徒弟在世间游历，救护众生，咱俩未必就没有再见之时。”

海石走后，沧客细细地想了一下那个名字，这才醒悟：“刘海石大概真的已经成仙了。他师父的法号‘山石’合起来就是‘岩’字，这正是纯阳祖师吕洞宾的名讳。”

刘海石，蒲台人，避乱于滨州。时十四岁，与滨州生刘沧客同函丈，因相善，订为昆季。无何，海石失怙恃，奉丧而归，音问遂阙。

沧客家颇裕，年四十，生二子，长子吉，十七岁，为邑名士，次子亦慧。沧客又内邑中倪氏女，大嬖之。后半年长子患脑痛卒，夫妻大惨。无几何妻病又卒，逾数月长媳又死，而婢仆之丧亡且相继也。沧客哀悼，殆不能堪。

一日方坐愁间，忽阍人通海石至。沧客喜，急出门迎以入，方欲展寒温，海石忽惊曰：“兄有灭门之祸不知耶？”沧客愕然，莫解所以。海石曰：“久失闻问，窃疑近况，未必佳也。”沧客泫然，因以状对，海石欷歔，既而笑曰："灾殃未艾，余初为兄吊也。然幸而遇仆，请为兄贺。"沧客曰："久不晤，岂近精越人术[①]耶？"海石曰："是非所长。阳宅风鉴，颇能习之。"沧客喜，便求相宅。导海石入，内外遍观之，已而请睹诸眷口。沧客从其教，使子媳婢妾俱见于堂，沧客一一指示。

至倪，海石仰天而视，大笑不已。众方惊疑，但见倪女战栗无色，身暴缩短仅二尺余。海石以界方击其首，作石缶声。海石揪其发检脑后，见白发数茎，欲拔之，女缩项跪啼，言即去，但求勿拔。海石怒曰："汝凶心尚未死耶？"就项后拔去之。女随手而变，黑色如狸。

众大骇。海石掇纳袖中，顾子妇曰："媳受毒已深，背上当有异，请验之。"妇羞，不肯袒示。刘子固强之，见背上白毛长四指许。海石以针挑去，曰："此毛已老，七日即不可救。"又顾刘次子，亦有毛才二指。曰："似此可月余死耳。"沧客以及婢仆并刺之。曰："仆适不来，一门无噍类矣。"

问："此何物？"曰："亦狐属。吸人神气以为灵，最利人死。"沧客曰："久不见君，何能神异如此！无乃仙乎？"笑曰："特从师习小技耳，何遽云仙。"问其师，答云："山石道人。适此物，我不能死之，将归献俘于师。"言已告别。

觉袖中空空，骇曰："亡之矣！尾末有大毛未去，今已遁去。"众俱骇然。海石曰："领毛已尽，不能作人，止能化兽，遁当不远。"于是入室而相其猫，出门而嗾其犬，皆曰无之。

启圈笑曰："在此矣。"沧客视之，多一豕，闻海石笑，遂

① 春秋时，名医扁鹊本名秦越人，此处用"越人术"指医术。

伏不敢少动。提耳捉出，视尾上白毛一茎，硬如针。方将检拔，而豕转侧哀鸣，不听拔。海石曰："汝造孽既多，拔一毛犹不肯耶？"执而拔之，随手复化为狸。

纳袖欲出，沧客苦留，乃为一饭。问后会，曰："此难预定。我师立愿宏深，常使我等遨世上，拔救众生，未必无再见时。"

及别后，细思其名，始悟曰："海石殆仙矣！'山石'合一'岩'字，盖吕祖讳也。"——［清］蒲松龄《聊斋志异·刘海石》

小贴士

以上故事中三次写怪物的原形，即"黑色如狸""亦狐属""随手复化为狸"，以及身长二尺有余（约七八十厘米），后颈及尾部有白毛等，根据这些特点，可知此物当为某种猫形动物，即广义上的"猫"（食肉目猫形亚目动物）。可能是灵猫科的大灵猫，只是大灵猫的鬣毛呈黑色，自背中央至尾基，尾部则无（不甚合乎后颈及尾部有白毛的特点），整体被毛呈棕灰色，带有黑褐色斑纹（勉强可以合乎上文之"黑色"），体长则基本相合。或说此物为狐狸，则显然不合乎原文。本篇是《聊斋志异》中唯一一篇以猫妖为主角的，故事波澜起伏，悬念迭生，余韵尚存，是难得的猫文化佳作。

◎猫子腥

金大用坐在船上，忽见一只小艇驶过，上面有一个老妇和一个少妇，奇怪的是少妇很像自己的妻子庚娘。两条

［清］任伯年《芭蕉猫石图》

［清］任熊《蕉叶黑猫》

船很快擦身而过，少妇透过窗子看到金大用，发现神采情貌也很像自己的丈夫。惊疑之间不敢追问，金大用大声叫道："看那群鸭子飞上了天！"少妇听到，也喊："馋嘴的小狗想学猫儿偷腥啊！"这两句话正是当年夫妻二人在闺房中含蓄的玩笑话。金大用听了十分吃惊，把船开回去靠近小艇，看到那少妇果然是自己的妻子庚娘。

漾舟中流，欻一艇过，中有一妪及少妇，怪少妇颇类庚娘。舟疾过，妇自窗中窥金，神情益肖。惊疑不敢追问，急呼曰："看群鸭儿飞上天耶！"少妇闻之，亦呼云："馋猧儿欲吃猫子腥耶！"盖当年闺中之隐谑也。金大惊，反棹近之，真庚娘。——［清］蒲松龄《聊斋志异·庚娘》

同书卷十《贾奉雉》中也有"似猫抓痒""鼠子动矣"这样借猫立言的曲折笔触。

◎黄狸、黑狸

异史氏说："不管是黄猫还是黑猫，抓得住老鼠的就是好猫。"

异史氏曰：黄狸、黑狸，得鼠者雄。——［清］蒲松龄《聊斋志异·驱怪》

小贴士

《邓小平文选》第一卷《怎样恢复农业生产》:“刘伯承同志经常讲一句四川话:黄猫、黑猫,只要捉住老鼠就是好猫。”俗传为“白猫、黑猫,捉住老鼠就是好猫”。

◎遣小狸奴

老贵妇当即对手下婢女说:“可以派小狸奴把她叫过来。”婢女答应着就去了。……男主再去访查女主住的寺庙,却发现殿宇一派荒凉的景象。询问附近居民,得知寺庙中常常有狐和狸出没。

即谓青衣曰:“可遣小狸奴唤之来。”青衣应诺去。……再往兰若,则殿宇荒凉。问之居人,则寺中往往见狐、狸云。——[清]蒲松龄《聊斋志异·辛十四娘》

小贴士

前文老妇的语气中,小狸奴(小猫)是其家低等下人,这与老妇心目中女主辛十四娘的狐妖身份是相匹敌的。一般人往往意识不到文言文中“狐狸”绝大多数情况下是指“狐”和“狸”两种动物,所以很难读出蒲松龄此文的前后呼应。

◎善扑之猫

有一天,院子后面的墙倒了,老头去查看,发现一只像猫那样大的老鼠被压在石头下面,尾巴在外面还能摇动挣扎。……奚山（故事的男主角）始终怀疑女主是鼠精，所以每天寻求善于捕鼠的猫来观察女主是否有什么异常的表现。女主虽然不怕，但仍然感到很厌烦。

一日第后墙倾，伯往视之，则石压巨鼠如猫，尾在外犹摇。……山终不释，日求善扑之猫以觇其异。女虽不惧，然蹙蹙不快。——［清］蒲松龄《聊斋志异·阿纤》

小贴士

《阿纤》的女主角是善于持家的仓鼠精，而《聊斋志异》中的另一篇《江城》的女主角则是老鼠转生的悍妇。《江城》的故事最后，悍妇能够痛改前非，触因是老僧对她念了一篇偈子："莫要嗔，莫要嗔！前世也非假，今世也非真。咄！鼠子缩头去，勿使猫儿寻。"

◎宪猫

邹升恒（字泰和），清康熙五十七年（1718）进士，为人温和文雅，又谦虚谨慎，有爱猫的癖好。每次宴请宾客，都会召唤猫儿与儿孙坐在身旁，在赐给孙子一片肉的同时，一定也会赐给猫一片，并说："一定会平均的，不要争抢。"他督学于河南，巡视至商丘，离开时丢了一只猫，因此发文严厉督促县官去捕捉寻找。县官不胜烦扰，最后用正式公文向邹升恒汇报，说："下官已经派了四个得力手下，挨家挨户搜查，如今已经超了期限，也没能找到大人的猫。"

先生戊戌翰林，和雅谦谨，有爱猫之癖。每宴客，召猫与儿孙侧坐，赐孙肉一片，必赐猫一片，曰：“必均，毋相夺也。”督学河南，按临商丘毕，出署失一猫，严檄督县捕寻。令苦其烦，用印文详报云：“卑职遣干役四人，挨民家搜捕，至今逾限，宪猫不得。”——［清］袁枚《随园诗话》

◎十三猫

江宁（在今江苏南京）王御史的父亲有个老妾，活到七十多岁，养了十三只猫，爱如己出，每只都给取了乳名，叫它们的名字就知道过来。乾隆五十四年（1789），老奶奶过世，十三只猫绕着棺材放声悲啼。给猫儿们喂鱼，猫儿们就只流泪而不吃，饿了三天，竟然一起死了。

江宁王御史父某有老妾，年七十余，畜十三猫，爱如儿子，各有乳名，呼之即至。乾隆己酉，老奶奶亡，十三猫绕棺哀鸣。喂以鱼飧，流泪不食，饿三日，竟同死。——［清］袁枚《子不语》

◎夜星子

北京城里婴儿夜间啼哭说是“夜星子”（作怪），有巫师能用桑木弓和桃木箭捕捉它。某位侍郎家里，有曾祖留下的一个小妾，已经九十多岁，全家都管她叫老姨。老姨每天坐到炕上，不说话也不笑，胃口如常，也没有什么病（或说其走路困难，形同饿鹰）。唯独养着一只爱猫，每日相守不离。

侍郎有个幼子刚降生不久，每夜都啼哭不止，于是找来捉夜星子的巫婆（或说为一个半老妇人）来救治。巫婆手拿着小桑木弓、小桃木箭，箭杆上绑着几丈长的丝线，线另一头套在了巫婆无名指上。夜半时分，月亮爬上窗户，人们隐隐约约看到窗户纸上有一个影子，忽然出来又忽然退下，仿佛是一个妇女，只有六七寸长，手拿着长矛，骑马而行。巫婆摆手低声说："夜星子来了。"便搭弓射箭，正中目标，只听得怪物吃痛，唧唧作声，扔下长矛就往回跑。巫婆打破窗户，带着众人顺着丝线追逐怪物。

最后追到后房，丝线就在门缝里。众人呼叫老姨，没人答应，于是点亮灯烛进屋寻找。只听一个婢女喊道："老姨中箭了。"大家围过去看，果然看到那支小箭钉在老姨的肩头，老姨正在呻吟，流着血，她养的猫仍在她胯下，而手中持的矛是根小竹签。家人合力扑杀了那只猫，又断了老姨的饮食。不久后，老姨饿死了（或说老姨"由此得病，数日亦死"），幼儿也不再夜啼。

京师小儿夜啼谓之"夜星子"，有巫能以桑弧桃矢捉之。某侍郎家，其曾祖留一妾，年九十余，举家呼为老姨。日坐炕上，不言不笑，健饭无病，爱畜一猫，相守不离。

侍郎有幼子尚襁褓，夜啼不止，乃命捉夜星子巫来治之。巫手小弓箭，箭竿缚素丝数丈，以第四指环之。坐至半夜，月色上窗，隐隐见窗纸有影，倏进倏却，仿佛一妇人，长六七寸，手执长矛，骑马而行。巫推手低语曰："夜星子来矣。"弯弓射之，唧唧有声，弃矛反奔。巫破窗引线，率众逐之。

比至后房，其丝竟入门隙。众呼老姨不应，乃烧烛入觅。

一婢呼曰："老媪中箭矣！"环视之，果见小箭钉老媪肩上，呻吟流血。所畜猫犹在胯下，所持矛乃小竹签也。举家扑杀其猫，而绝老媪之饮食。未几死，儿不复啼。——［清］袁枚《子不语》

小贴士

此事又见于同时代的和邦额的《夜谭随录》卷二，叙事互有短长，本文据之有所灵活改动，如"长七八尺"据改为"长六七寸"（其他不同见括号）。《夜谭随录》中有评论说："如果是老媪作怪的话，那她的动机实在令人费解。我想这大概是猫在作怪，老媪只是被控制了。然而最后老媪中箭而亡，是不是太冤枉了？"此故事颇有欧洲中世纪仇视猫与老妇之风，只不过欧洲故事通常更加惨烈，中国古代这个故事稍温和一些（尤其是《夜谭随录》版）。又，《猫苑》引《夜谭随录》此文，竟然篡改开头为"有李侍郎，从苗疆携一苗婆归"，结尾处还说"然后知老苗婆挟术为祟，而常以猫为坐骑也"。

◎回煞大猫

城北徐公家中一个老太太死了，等到传说中的回魂夜，徐家两个好事的孩子约好了去观看。一开始还没有什么怪异之处，但两人刚要离开时，忽然灯光一下子就暗了下来。二人隐隐约约就看到一个东西，好像长了一个大象鼻子，靠着酒壶在喝酒，还发出咕咕声。忽然怪物又掉到地上，变成了一只大猫，却长着一张惨白的人脸，在地上绕圈，好像看到了什么。两个孩子被惊吓到了极致，以至于疯癫。后来家人询问其中缘故，又纷纷责备俩孩子。第二天，打开门一看，发现灵堂里原先放的鸡蛋和酒都不见了，地上撒的灰中有两排并行的人脚印，只有两三岁小孩的脚那样大。东墙上写了十一个字，既非篆体又非草体，墨色很淡，人们都读不出写的是什么，临近中午又忽然消失了，真像是传说中的鬼画符。徐氏二子不久后就相继病死了。

城北徐公家，一老妪死。际回煞，徐二子皆少年好事，相约往观。初无怪异，将去之，灯忽骤暗。隐隐见一物，如象鼻，就器吸酒，咕咕有声。欻然坠地上，化为大猫，而人面白如粉，绕地旋转，若有所见。二子惊悸，发狂震骇。家人诘得其故，交责不已。次日，启户视之，鸡子酒浆，空无所有，灰上人迹，两两相并，仅如二三岁小儿。东壁书十一字，非篆非草，淡墨色，人不能识，向午忽自灭，洵为鬼笔。徐二子相继病死。——[清]和邦额《夜谭随录》

◎人中妖孽

清代，一个做基层文职工作的公子，家庭富裕，父母都健在，兄弟也没有什么不好的地方，家庭美满，得人生一大乐事。府中上下吃饭的人很多，而犹爱养猫，有叫白老的，有叫乌员的，十几只都不止。每回喂食时，猫叫声都聒噪不止，萦绕在人耳边。猫儿们吃的是鲜鱼，睡的是毛毯，习以为常。

这天，赶上家人都不在身旁，夫人呼唤丫环，好几次都无人应答，忽然听到窗外有人替她呼唤丫环，音色甚为奇异。公子拉开帘子一看，四下寂静无人，只有一只猫蹲在窗台上，回过头来看着公子，面带笑容。公子为之大骇，入报其母。众兄弟听到后，都出来看那只猫，开玩笑般问："刚才叫人的是你吗？"猫说："是的。"众人一片哗然。公子的父亲以为不祥，忙命人捉猫。猫却说："不要捉我！不要捉我！"说完一跃上房，消失不见，好几天都没有出现。全家都感到有些恐怖，不断谈论此事。

后来有一天，小丫环正在喂猫，那只怪猫又混杂在猫群中来求食。丫环赶紧跑到上房，偷偷告诉众公子。众公子又被惊扰，于是同出捉猫，捉到后拴住打了几十鞭子。猫只是嗷嗷怒吼，表现出一副可恶的倔强之态。众人想杀了猫，公子之父劝阻说："它能作妖，我们杀了它恐怕不吉利，还是放了它吧。"公子却暗中命令两个家奴把猫装到米袋中，带出去扔到河里。刚一出城，米袋忽然漏了，家奴只好在离河不远的地方折返回家，可猫却提前一步回去了。家奴刚到寝室，掀帘子进屋，当时公子兄弟正聚集在父母身边讨论猫的事，无意中瞥见猫也跟着回来了，众人就都愣住了。

猫跳到交椅上，怒视其父，气得眼睛都快瞪出来了，伸长胡须咬着牙，厉声骂道："你是什么老奴才，占着快要死的身体！竟然还想淹死我？在你家你算个老的，要是在我家你也就算我重孙的重孙！你竟然如此没良心！而且你家马上大祸临头了，很快就会应验，你不知惊怕，还想着谋杀我，岂不是太离谱了！你怎么不反省反省自己的所作所为？你生来能力低下，侥幸得些高官厚禄。你最早在刑部任职时，用阴谋讨得上司欢心。后来做了两任知州，更加贪婪残酷。轻易对人用刑，自夸是恩威并施。你做官二十年，草菅人命的事不知干了多少。还想着平静地归隐，在家安度晚年？我看你就是痴心妄想！你简直就是人面兽心，实为人中妖孽！反而说我是怪？真是天大的怪事！”

于是大骂不止，连带上老人所生的孩子。全家乱成一锅粥，都争着要抓猫。有的挥舞着古剑，有的把铜瓶砸过去，那些茶碗和香炉都成了打猫的工具。最后，猫轻蔑地笑着跳起来说：“我走了，我走了，你马上就要家败人亡了，我不跟你们置气了。”说着就飞速跑出门，上树就不见了，从此之后就再也没有回来。

半年之后，公子家中大发瘟疫，每天都会死三四个人。公子因跟人争夺土地而惹上官司被罢官，父母在抑郁中相继离世。两年之内，众兄弟、姐妹、妯娌、子侄、奴仆等，死得几乎一个不剩。只剩下公子夫妇和一个老奴、一个丫环，家里也穷得如同范丹[1]。

某公子为笔帖式[2]，家颇饶裕，父母俱存，兄弟无故，得人生之一乐焉。上下食指甚繁，而犹喜畜猫，白老、乌员，何止十数。每食则群集案前，嗷嗷聒耳。饭鲜眠毯，习以为恒。

---

① 范丹，东汉廉吏，民间传说中典型的穷人。

② 笔帖式（汉语“博士”经由满语转译回来的词，类似于“把式”），清代官府中低级文书官员、执掌部院衙门的文书档案的官员，主要职责是抄写、翻译满汉文。

适饭后闲话，家人咸不在侧，夫人呼丫环，数四不应，忽闻窗外有代唤者，声甚异。公子启帘视之，寂无人，唯一猫奴踞窗台上，回首向公子，面有笑容。公子大骇，入告夫人。诸昆弟闻之，同出视猫，戏问曰："适间唤人者，其汝也耶？"猫曰："然。"众大哗。其父以为不祥，亟命捉之。猫曰："莫拿我，莫拿我！"言讫一跃，径上屋檐而逝，数日不复来。举室惶然，谈论不已。

一日，小婢方饷猫，此猫复杂群中来就食。急走入房，潜告诸公子。诸公子复大扰，同出捉之，缚而鞭之数十。猫但嗷嗷，倔强之态可恶。欲杀之，其父止之曰："彼能作妖，杀之恐不利，不如舍之。"公子阴命二仆，盛以米囊，负而投诸河。甫出城，囊骤穴，临河而返，猫已先归。直至寝室，启帘而入，公子兄弟方咸集父母侧论猫事，瞥见猫来，胥发怔。

猫登踞胡床，怒视其父，目眥欲裂，张须切齿，厉声而骂曰："何物老奴，尸诸余气！乃欲谋溺杀我耶？在汝家，自当推汝为翁；若在我家，云礽辈犹可耳孙，汝奈何丧心至此？且汝家祸在萧墙，不旋踵而至，不自惊怕，而谋杀我，岂非大谬！汝盍亦自省平日之所为乎？生具蝖蚁之材，夤缘得禄。初仕刑部，以钩距得上官心。出知二州，愈事贪酷。桁杨斧锧，威福自诩。作官二十年，草菅人命者，不知凡几。尚思恬退林泉，正命牖下？妄想极矣！所谓兽心人面，汝实人中妖孽。乃反以我言为怪，真怪事也！"

遂大骂不已，辱及所生。举室纷拿，莫不抢攘。或挥古剑，或掷铜瓶，茗碗香炉，尽作攻击之具。猫哂笑而起曰："我去，我去，汝不久败坏之家，我不谋与汝辈争也。"亟出户，缘树而逝，至此不复再至。

半年后，其家大疫，死者日以三四。公子坐争地免官，父母忧郁相继死。二年之内，诸昆弟、姊妹、妯娌、子侄、奴仆死者，几无孑遗。唯公子夫妇及一老仆暨一婢仅存，一寒如范叔也。——［清］和邦额《夜谭随录》

◎猫歌

护军参军舒某喜欢唱歌，无论走路站立还是坐着躺下，很少有不哼着歌的时候。有一天，有朋友来访，大家在室内快乐地喝着酒，一直到二更天仍然酬唱不断。忽然户外有小声唱所谓“敬德打朝[①]”的，细听来，吐字清晰，音节合拍，妙不可言。舒某手下只有一个僮子伺候，僮子一向不懂唱歌，现在忽然听到这歌声，就非常怀疑，偷偷出来查看，发现是一只猫像人一样站在月光下，一边唱歌一边跳舞。舒某惊讶地招呼朋友一起来看，这时猫已经上了墙，人们用石头投射，猫就一跃而走，而仍有余音在墙外。

护军参领舒某，喜咏歌，行立坐卧，罕不呜呜。一日，友人过访，欢饮于室，漏已二下，尚相与赓歌不辍。忽闻户外细声唱所谓“敬德打朝”者，谛聆之，字音清楚合拍，妙不可言。舒服役只一僮，素不解歌，兹忽闻此，深疑之，潜出窥伺，则见一猫人立月中，既歌且舞。舒惊呼其友，猫已在墙，以石投之，一跃而逝，而余音犹在墙外也。——［清］和邦额《夜谭随录》

---

① “敬德打朝”，故事讲的是唐朝尉迟敬德死谏太宗李世民，为“薛丁山征西”故事中的一小段。至今地方戏中仍在传唱。

◎牝猫能言

黄门官永野亭说，他有个亲戚家喜欢养猫，一次忽然听到有什么东西说人话，一观察，发现是猫。人们大为惊骇，于是把猫绑起来鞭打，逼问其中缘由。猫说："没有不能说话的，只是这犯忌讳，所以不敢说。现在我偶然失口，追悔莫及。如果是母猫，就没有能说话的。"他家人不信，令人又绑了一只母猫，鞭打它让它说话。一开始这只猫还只是嗷嗷叫，用眼去看前面那只，前面那只说："我都不得不说话，何况你呢？"于是后面这只猫也说人话求饶了，他家人这才相信了那只猫的话而把猫放了。后来他家也发生了很多不吉利的事情。

永野亭黄门为予言，其一亲戚家喜畜猫，忽有作人言者，察之，猫也。大骇，缚而挞之，求其故。猫曰："无有不能言者，但犯忌，故不敢耳。今偶脱于口，驷不及舌，悔亦何及！若牝猫则未有能言者矣。"其家不之信，令再缚一牝者，挞而求其语，初但嗷嗷，以目视前猫，前猫曰："我且不得不言，况汝耶？"于是亦作人言求免，其家始信而纵之，后亦多不祥。——［清］和邦额《夜谭随录》

◎狸猫换太子[1]

只见李妃双眉紧蹙，一时腹痛难禁。天子（宋真宗）着惊，

---

① 此故事及后两个故事均为白话文，故直录原文，只在人名、地名处加括号略做说明。其故事较复杂，限于篇幅，今只引用其中与狸猫直接相关的片段。下同。

［宋］佚名《狸奴图》

［宋］佚名《戏猫图》

知是要分娩了，立刻起驾出宫，急召刘妃带领守喜婆前来守喜。刘妃奉旨，先往玉宸宫（李妃所居）去了。郭槐（刘妃手下）急忙告诉尤氏（接生婆）。尤氏早已备办停当，双手捧定大盒，交付郭槐，一同至玉宸宫而来。你道此盒内是什么东西？原来就是二人定的奸计，将狸猫剥去皮毛，血淋淋，光油油，认不出是何妖物，好生难看。二人来至玉宸宫内，别人以为盒内是吃食之物，哪知其中就里，恰好李妃临蓐，刚然分娩，一时血晕，人事不知。刘妃、郭槐、尤氏做就活局，趁着忙乱之际，将狸猫换出太子，仍用大盒将太子用龙袱包好装上，抱出玉宸宫，竟奔金华宫（刘妃所居）而来。——［清］**石玉昆《三侠五义》**

◎御猫

单说展爷（展昭）到了阁下，转身又向耀武楼上叩拜。立起来，他便在平地上鹭伏鹤行，徘徊了几步。忽见他身体一缩，腰背一躬，嗖的一声，犹如云中飞燕一般，早已轻轻落在高阁之上。这边天子（宋仁宗）惊喜非常，道："卿等看他，如何一转眼间就上了高阁呢？"众臣宰齐声夸赞。此时展爷显弄本领，走到高阁柱下，双手将柱一搂，身体一飘，两腿一飞，嗤嗤嗤嗤，顺柱倒爬而上。到了柁头，用左手把住，左腿盘在柱上，将虎体一挺，右手一扬，作了个探海势。天子看了，连声赞好。群臣以及楼下人等无不喝彩。又见他右手抓住椽头，滴溜溜身体一转，把众人吓了一跳。他却转过左手，找着椽头，脚尖儿登定檀方，上面两手倒把，下面两脚拢步，由东边串到西边，由西边又串到东边。串来串去，串到中间，忽然把双脚一拳，用了个卷身势往上一翻，脚跟登定瓦垄，平平的将身子翻上房去。天子看至此，不由失声道："奇哉！奇哉！这哪里是个人，分明是朕的御猫一般。"谁知展爷在高处业已听见，便在房上与圣上叩头。众人又是欢喜，又替他害怕。只因圣上金口说了"御猫"二字，南侠从此就得了这个绰号，人人称他为"御猫"。此号一传不知紧要，便惹起了多少英雄好汉，人人奇才，个个豪杰。也是大宋洪福齐天，若非这些异人出仕，如何平定襄阳的大事[①]。后文慢表。——［清］**石玉昆《三侠五义》**

◎气死猫

展爷到了里面，觉得冷森森一股寒气侵人，原来里面是个嘎嘎[②]形儿，全无抓手，用油灰抹亮，唯独当中却有一缝，望时可以见天，展爷明白叫"通天窟"。借着天光，又见有一小横匾，上写"气死猫"三个红字，匾是粉白地的。展爷到了此时，不觉长叹一声道："哎！我展熊飞[③]枉自受了朝廷的四品护卫之职，不想今日误中奸谋，被擒在此。"——［清］**石玉昆《三侠五义》**

---

① 小说中襄阳王赵爵（赵光美之子，亦即宋真宗之堂弟，仁宗之叔父）意图谋反，包公手下之三侠五义（南侠展昭、北侠欧阳春、双侠丁氏兄弟，钻天鼠卢方、彻地鼠韩彰、穿山鼠徐庆、翻江鼠蒋平、锦毛鼠白玉堂）前仆后继与之展开斗争。

② 嘎嘎，陀螺。

③ 展昭，字熊飞。

《三侠五义》中五鼠弟兄所居之陷空岛有通天窟，与《西游记》陷空山无底洞住着金鼻白毛老鼠精，为同一故事的变形。陷空山无底洞金鼻白毛老鼠精困住唐僧玄奘，类同于陷空岛通天窟锦毛鼠白玉堂困住御猫展昭。

◎壮夫缚虎

清代的沂州（今山东临沂）因为山地险峻，所以有很多凶猛的老虎，县令常常令猎户捉虎，猎户却又常常被虎咬伤。有一个陕西人焦奇，投亲落空，寄居在沂州，素来神勇，曾经举着千佛寺门前的石鼎，跳上大雄宝殿左面的房脊，所以人送外号“焦石鼎”。他得知沂州山岭中多有老虎，所以每天徒步进山，遇上老虎就亲手斗杀，然后背回家，如此以为常事。这天，他进山遇到两只大虎领着一只小虎来到他的眼前。焦奇杀性顿起，接连把两只大虎都打死，然后用左右肩分别背着，更索性生擒小虎而还家。众人见了都躲得远远的，焦奇却谈笑自若。

有一个富人钦佩他的神勇，设下筵席款待他。筵席间焦奇就讲述起自己生平打败老虎的样子，听得在座者变颜变色。焦奇见此，就更加夸大其词，口谈手挥，颇为得意。忽然有一只猫登上桌子吃东西，弄得汤汁流满了桌子。焦奇以为是主人的猫，就任它吃完走了。主人说：“这是邻居家的孽畜，实在是可恶。”猫出去不一会儿，又来了。焦奇举起拳头向猫打去，食物都打碎了，但猫却已经跳到了窗户角上。焦奇生气了，又追着猫打，窗棂都被他打裂了，猫却一下子又跳上了房角，威严地瞪着焦奇。焦奇愈发生气，张开臂膀做出要擒拿猫的样子，但猫大叫一声，托着尾巴，迈着缓慢的步伐，跳过邻居家的墙走了。焦奇无计可施，只能对着墙发呆。主人拍掌大笑，焦奇深惭而退。

沂州山峻险，故多猛虎，邑宰时令猎户捕之，往往反为所噬。有焦奇者，陕人，投亲不值，流寓于沂，素神勇，曾挟千佛寺前石鼎，飞腾大雄殿左脊，故人呼为“焦石鼎”云。知沂岭多虎，日徒步入山，遇虎辄手格毙之，负以归，如是为常。一日入山，遇两虎帅一小虎至。焦性起，连毙两虎，左右肩负之，而以小虎生擒而返。众皆辟易，焦笑语自若。

富家某，钦其勇，设筵款之。焦于座上，自述其平昔缚虎状，听者俱色变。而焦益张大其词，口讲指画，意气自豪。倏有一猫，登筵攫食，腥汁淋漓满座上，焦以为主人之猫也，听其大嚼而去。主人曰：“邻家孽畜，可厌乃尔！”亡何，猫又来。焦急起奋拳击之，座上肴核尽倾碎，而猫已跃伏窗隅。焦怒，又逐击之，窗棂尽裂，猫一跃登屋角，目耽耽视焦。焦愈怒，张臂作擒缚状，而猫嗥然一声，曳尾徐步，过邻墙而去。焦计无所施，面墙呆望而已。主人抚掌笑，焦大惭而退。——［清］沈起凤《谐铎》

◎龙凤钗

杭州城里有个金某，一向贫穷。有一天，家里养的猫忽然衔着一对龙凤钗回来，钗上缀满明珠，价值一千多缗。

金某用它做本钱去做买卖，家里便逐渐富足起来。十多年间，竟然发展成了巨富。金家老母亲对这只猫爱惜得跟珍宝没有区别，单独建了一座楼，设置床帐来安置猫。凡是有带着猫来卖的，一定照价买下。攒下几百只猫，负责喂猫的下人也有好几个。猫有死的，都给起坟埋葬。到现在也没有间断过。这是乾隆朝后期的事，杭州人没有不知道的。

杭州城内金某，素贫。其家所养猫，一日忽衔龙凤钗一对来，明珠满缀，价值千余缗。以作本贸迁，家道日盛。十余年间，竟成巨富。其老母爱惜此猫，无殊珍宝，另建一楼，及床帐居之。凡有携猫求售，必如值收买。积数百头，喂养婢仆亦数人。猫有死者，皆冢而瘗之。至今不衰。此乾隆季年间事，杭人盖无不知之者。——［清］黄汉《猫苑·故事》引陈笙陔云

此事又详见于吴炽昌《续客窗闲话》卷七“义猫”条，但竟然不见于嘉定人王初桐的《猫乘》与杭州人孙荪意的《衔蝉小录》。

◎**神猫**

叶观海《蠡谭未刻编》：“乾隆五十八年（1793），琉球国进献的贡品中，有一只黄花如篆文的猫，说这只猫所在之地，三十里之外都没有老鼠。”据此，其神异程度要比明朝景泰年间的猫王强好多倍。

张应庚说："温州颜姓人家有只猫，捕鼠方面神乎其技，凡是有老鼠在屋顶上，这猫只要叫一声，老鼠就会自己滚落在地。颜家特别珍视它，别人来求从不给，后来竟然被人偷走了。"

姚龄庆说："最近潘少城县令，由广东镇平（今蕉岭）带到广东普宁（今普宁）的一只猫，就是所谓的'乌云盖雪'。如果有老鼠在房梁上走动，这猫能从平地上蹿上去抓住它。也是猫里面尤为矫健罕见的。"

湖南湘潭人张以文说："有一户姓戚的人家里养了一只猫，几年也没见它捉一只老鼠，但也没有鼠患。有一天修缮房屋，发现猫常趴伏的地板下面，有几百只死老鼠，然后才知道这只猫善于降服老鼠。"这就是华滋德所说的"猫捕鼠的能力，以能够聚集老鼠的为上等"。

叶观海《蠡谭未刻编》："乾隆五十八年，琉球国进贡，有篆黄猫一头，云猫之所在，三十里外无鼠。"据此，则视景泰猫王，其神异处，奚啻倍蓰。

张孟仙云："温郡颜姓有猫，神于祛鼠，凡鼠在屋上，猫一呼声，则鼠辄落地。其家甚宝之，人乞不与，后竟被窃失去。"

姚百徵云："近潘少城明府，由镇平携至普宁一猫，所谓'乌云盖雪'者也。鼠行梁间，能于平地腾攫而得之。亦猫之矫捷罕睹者。"

湘潭张博斋云："戚家畜一猫，数年不见其捕一鼠，而鼠耗亦绝。一日，修葺住房，其猫所常伏卧之地板下，死鼠数百，然后知此猫之善于降鼠。"是即华润庭所云"猫之捕鼠，能聚鼠为上"也。——［清］黄汉《猫苑·故事》汉按

◎瞎猫

福建、浙江一带，在山里种茭白的人常常捕捉猫，然后挖去猫的双眼，并将猫扔在山里让它四处跑四处叫，用以警告老鼠。猫已经瞎了但有吃的，就不往别处去了，只是没日没夜地瞎叫罢了。

闽浙山中种香菰者，多取猫狸，挖去双眼，纵叫遍山，以警鼠耗。猫既瞎而得食，即无所他之，昼夜惟有瞎叫而已。——［清］黄汉《猫苑·名物》引王朝清《雨窗杂录》

黄汉说："这个祛鼠的方法虽然效果显著，但未免太过恶毒，也是猫的不幸。温州人把不懂事又喜欢乱嚷乱责备人的人讥笑为'香菰山猫儿瞎叫'。"

◎泊舟沙头

嘉庆二十四年（1819），台州太平县（今温岭）姓丁的船家，在沙滩边停船。因为猫落水，丁某下到沙滩上救猫，脚踩上一个东西，一查看，发现是一个小木匣子，里面有一百多两银子，但猫最终淹死了。

嘉庆己卯，台州太平县船户丁姓，泊舟沙头，因猫失水，下沙救之，脚踏一物。检之，则一小木匣，有银百余两，而猫竟淹毙焉。——［清］黄汉《猫苑·故事》汉自记

像人一样天生不会游泳的动物在自然界中并不多。猫天生会游泳，一般不会淹死。故此事不可解。

◎数猫歌

徽州戏班的曲目中有《猫儿歌》，也叫《数猫歌》，大概就是绕口令之类。猫的嘴巴、尾巴数量虽然只有一个，但耳朵和腿就会两个、四个的递加，数到六七只猫的时候，脑子就跟不上嘴巴了，很少有不乱的，大概人一着急就数不过来了。倪楙[1]桐老爷子说："京城的艺人有个叫'八角鼓'的，口齿伶俐，尤其擅长这歌，即便数到十多只猫，也是更快更清朗，这是精于此项技艺的。"《猫歌》大略就像："一只猫儿一张嘴，两个耳朵一条尾，四条腿子往前奔，奔到前村。两只猫儿两张嘴，四个耳朵两条尾，八条腿子往前奔，奔到前村。"后面都仿照这个样子，只是耳朵、腿的数量依次加倍罢了。

徽州班戏曲有《猫儿歌》，亦称《数猫歌》，盖急口令之类。猫之嘴尾数虽只一，而其耳与腿则二四递加，数至六七猫，口齿迫沓，鲜有不乱，盖急则难于计算耳。倪翁豫甫（楙桐）云："京师伎人有名八角鼓者，唇舌轻快，尤善于此歌，虽数至十余猫，而愈急愈清朗，是精乎其伎者也。"《猫歌》大略如："一只猫儿一张嘴，两个耳朵一条尾，四条腿子往前奔，奔到前村。

① 楙，音义同茂。

两只猫儿两张嘴，四个耳朵两条尾，八条腿子往前奔，奔到前村。”下皆仿此，惟耳腿之数以次递加尔。——［清］黄汉《猫苑·灵异》汉按

◎惠潮野猫

广东惠潮道[①]的衙门里有很多野猫，夜深了就出来，两只眼睛熠熠发光，远望去如同萤火虫。大概是流浪猫吸月华，饮甘露，时间长了就渐渐修炼成精。所以上屋跳墙，矫健如飞。夏天海鹭来的时候，猫能上树捕食海鹭。园子里养的孔雀曾经被咬死，从此野猫就不再来了。有人说孔雀血最毒，猫可能是喝了孔雀血被毒死了。啊，选择肥肉来吃，竟能自受其害，愚昧啊！

惠潮道署多野猫，夜深辄出，双目有光熠熠，望之如萤火。盖系失主之猫吸月饮露，久渐成精。故上下墙屋，矫捷如飞。夏月海鹭来时，能上树捕食。园中所蓄孔雀曾被啮毙，自此野猫辄不复来。或谓孔雀血最毒，猫殆饮此，或致戕生。噫！择肥而噬，竟以自毙，愚哉！——［清］黄汉《猫苑·灵异》引丁雨生（日昌）云

◎端午画

山阴（今浙江绍兴）人童钰（字二树）擅长画墨猫，凡是在端午的午时画的，都可令老鼠退避，然而不轻易画。

---

① 地理范围大约相当于今惠州、潮州、河源、梅州、汕头、揭阳、汕尾五市，治所在潮州。

我的朋友张凯家里收藏有一幅画，曾说自从挂上这幅画，鼠患果然消除了。

山阴童二树，善画墨猫，凡画于端午午时者，皆可辟鼠，然不轻画也。余友张韵泉（凯）家藏有一幅，尝谓悬此，鼠耗果靖。——［清］黄汉《猫苑·灵异》汉记

◎卧屋画

曾经有一个技艺高超的画家画了一只猫，横躺在屋顶上，形神逼真，人们给出的评价很高，没有不夸赞他的。一个客人见了，说："好倒是好，可还是有缺点。猫的纵长本不超过一尺多，但这只猫横卧在房瓦上，竟然横跨六七行瓦，这就不对了。"于是人们都佩服客人的精细。

昔有画家高手，尝画一猫，横卧屋背上，形神逼肖，无不夸赞。一客见之云："佳则佳矣，惜犹有可贬处。以为猫纵长不过尺余，此猫横卧瓦上，乃过六七行，是其病也。"于是人服其精识。——［清］黄汉《猫苑·名物》引郑荻畴（烺）云

◎假慈悲

民间传说的笑话说，有一天老鼠看见猫脖子上挂着佛珠，都以为猫信了佛，必然会心生慈悲，老鼠可以不用怕了。然而又有怀疑，所以先让小老鼠故意从猫身边经过，这时猫趴着没动。又让稍大一点的老鼠过去，猫也没动。大老鼠这才消除了疑虑，最后过去，猫却忽然跳起来把大老鼠抓住杀死了。群鼠这才抱头逃窜，说："这是假慈悲！

［清］童钰《白猫图》

这是假慈悲！”

俗传笑话，谓一日者鼠见猫颈悬念珠，群以是已归佛，必然慈悲，吾辈可以无恐。然而未可深信，先令小鼠过之，猫伏不动；次令中鼠过之，亦不动。大鼠信其无他，最后过之，猫忽突起，擒而毙之。群鼠于是抱头窜去曰："此假慈悲！此假慈悲！"——［清］黄汉《猫苑·名物》

◎衔蝉小录

清人吴均说："高太夫人是颖楼先生高第的正室，小楼道台的母亲，是浙江的闺秀典范。她很喜欢猫，曾经搜求有关猫的典故，著有《衔蝉小录》，流行于世。"高太夫人名叫荪薏（意），字叫秀芬，会稽孙氏，著有《贻砚斋诗集》。

黄汉按：女子爱猫有能到这种程度的，跟前面所记载的李尧栋、孙尔准两家闺秀的爱好比，显得尤为奇特。然而他们终究不如高太夫人爱猫爱到为猫著书以传世，这真是一件清雅的事。可惜这本《衔蝉小录》，我一时没能买到，没办法借鉴它的内容来补益拙著《猫苑》。孙子然说："高太夫人有咏猫的诗句说：一生惟恶鼠，每饭不忘鱼。（《咏猫》，见于《贻砚斋诗集》卷一）"孙子然名叫仲安，是夫人的族弟。

吴云帆太守云："高太夫人，系颖楼先生正室，小楼观察之母也。为浙中闺秀。颇好猫，尝搜猫典，著有《衔蝉小录》行于世。"夫人，名荪薏，字秀芬，会稽孙姓，著有《贻砚斋诗集》。

汉按：猫之贻爱于闺阁者有如此，以视前篇所载李中丞、孙闽督两闺媛之所好，尤为奇僻。然终不若高太夫人之好，且为著书以传，斯真清雅。惜此《衔蝉小录》，一时觅购弗获，无从采厥绪余，光我陋简。孙子然云：“夫人有咏猫句云：一生惟恶鼠，每饭不忘鱼。”子然，名仲安，夫人族弟。——［清］黄汉《猫苑·故事》

◎好食鱼

我喜欢吃鱼，有人嘲笑我说：“听说您辑录了一本《猫苑》，可知道冯驩[1]是猫的转世吗？”我问：“你怎么知道？”那人说：“根据他弹铗而歌‘食无鱼’知道的。”我说：“对。我本是冯驩的转世，你知道吗？”随之相对而笑。

余好食鱼，客有讥之云：“闻君纪载猫典，可知冯驩为猫之后身乎？”问：“何以见之？”曰：“于其弹铗见之。”余曰：“然。余固冯驩之后身也，其知焉否？”相与哑然。——［清］黄汉《猫苑·名物》自记

◎补助艺林

《猫苑》一出版，那么后来作诗赋的，都可以在这里取用典故了。这对文学艺术的增益匡助之功劳是非常大的。

《猫苑》一出，则后之为诗赋者，皆可取材于此矣。补助艺林，功非浅鲜。——［清］黄汉《猫苑·灵异》引丁仲文（杰）云

① 冯驩，一作冯谖，战国时人，孟尝君的门客，因不满伙食条件，所以弹铗（剑柄）唱歌道：“长铗归来乎！食无鱼。”孟尝君就给他每餐配了鱼。

十　历史上著名的猫诗词

解题

各种动物之中，哪个能得到名人贤士的赞赏、文学大家的题咏，它就会因而焕发荣光。然而若非有着特殊的德性与禀赋，如何容易获得这些荣耀？古往今来的文学作品，涉及猫的内容不在少数，大概猫本来就有着特殊的德性与禀赋。拥有修为而得如此，难道不是猫的荣耀！因此辑录《品藻》一篇。

蠢动杂生之中，有一物能得名贤叹赏，词人题咏，则其为生也荣矣。然非有德性异能，岂易致哉？古今来品题文藻，旁及于猫者匪少，盖猫固有德性异能也。有修获此，乌得不为猫荣！辑《品藻》。——［清］黄汉《猫苑·品藻》

有关猫的文学作品，《猫苑》中有此《品藻》，而《衔蝉小录》有《艺文》一卷，《诗》一卷，《词、诗话、散藻、集对》一卷，《猫乘》亦《文》一卷，《诗、词、句》一卷。本书分“猫诗”（包含相关诗话）与“猫文”两章节。

译诗是远超出我能力之外的事，所以下面的诗词但加注释而不翻译为白话文。诗中用典已见于前文者，后出时也不再一一点出。这虽然给阅读带来一定难度，但好在文言诗词天然有一种美感，无关乎读懂与否，另外也可以引导读者反复翻阅全书，涵泳于古典。又，诗中写猫，首见于《诗经·大雅·韩奕》之“有猫有虎”，其后唐阎朝隐有《鹦鹉猫儿篇》，如此皆因文学性低而不收录于此，晚出者更不足细论。《猫苑》曰：“唐人咏猫诗甚少。”今以宋诗为始[①]。

宋代猫诗词

◎林逋《猫儿》

纤钩时得小溪鱼[②]，饱卧花阴兴有余[③]。自是鼠嫌贫不到，莫惭尸素在吾庐[④]。

---

① 参考拙著《猫奴图传》之《猫不入诗》。

② 纤钩，细小的鱼钩。小溪鱼，溪水中的小鱼。这里都是谦虚的说法。句谓我能给猫提供的食物很有限。

③ 句谓我可以让猫儿在草丛中睡个够。

④ 两句谓老鼠嫌弃我贫穷，不会来我家，猫儿你不忙，不要因为在我家白吃饭而感到惭愧。

隐士林逋（谥“和靖先生”）以“梅妻鹤子”闻名，然而此诗足以说明他也是一个典型的猫奴，诗中对猫儿的宠爱已经到了生怕猫儿受一点委屈的地步。其诗集中写动植物的其他篇章，也多给人一种深情生于万物的感觉。

◎张商英《猫诗》[①]

白玉狻猊藉锦茵[②]，写经湖上净名轩[③]。吾方大谬求前定[④]，尔亦何知不少喧[⑤]。出没任从仓内鼠，钻窥宁似槛中猿[⑥]。高眠永日长相对[⑦]，更约冬裘共足温[⑧]。

---

① 此诗见于《锦绣万花谷·续集》卷十三及《古今合璧事类备要·别集》卷八十四，皆注明作者为张无尽（北宋张商英号“无尽居士”），无题。《猫苑》《猫乘》皆题为《猫诗》，《衔蝉小录》题为《咏猫》。

② 狻猊本指狮子，白玉狻猊在这里用来形容白猫。藉，凭借，这里其实是指趴在上面。锦茵，丝锦所制的垫褥，这里指猫睡觉用的纺织品。

③ 写经，这里应该是指猫打呼噜。这两句表面上是说猫在湖边建筑里借了块纺织品抄写佛经，实际是写猫在那里睡觉打呼噜。

④ 前定，前生所定的命数。句谓我坦然接受命运的安排，前生犯罪，今生得报应。

⑤ 不少喧，不发出一点声音。句谓你这只猫怎么也如此安静从容呢。

⑥ 这两句是说，猫任凭老鼠在仓库中出没，自己则宁愿像猿猴被囚禁在牢笼中一样接受人的豢养。

⑦ 永日，长日，指夏天。句谓夏日里猫就睡在我身旁。

⑧ 句谓冬日里我用皮衣盖着猫给自己暖脚。

［南宋］马麟《林和靖图》

小贴士

此诗是早期宽柔洒脱风格的猫诗代表，猫在此暂时卸去了道德的枷锁，这在此前的文学作品中是很少见的。

◎黄庭坚《乞猫》

秋来鼠辈欺猫死，窥瓮翻盘搅夜眠。闻道狸奴将数子[①]，买鱼穿柳聘衔蝉[②]。

北宋陈师道《后山诗话》:（此《乞猫》）虽滑稽而可喜。千载而下，读者如新。

北宋吴可《藏海诗话》:“聘”字下得好，“衔蝉”“穿柳”四字尤好。又“狸奴”二字出释书[③]。

南宋陆游《老学庵笔记》卷八:先君[④]读山谷[⑤]《乞猫》诗，叹其妙。晁以道侍读[⑥]在坐，指“闻道猫奴将数子”一句，问曰:“此何谓也?”先君曰:“老杜云‘暂止啼乌将数子’[⑦]，恐是其类。”以道笑曰:“君果误矣。《乞猫诗》‘数’字当音色主反[⑧]。‘数子’谓猫狗之属多非一子，故人家初生畜必数之曰:‘生几

① 数子，数一数几个孩子，有关猫产子的曲折表达。

② 句谓买了小鱼用柳条穿起来去送给母猫当聘礼以求取小猫。

③ 释书，佛教文献。

④ 先君，陆游之父陆宰。

⑤ 山谷，黄庭坚号山谷道人。

⑥ 晁说之，字以道，两宋之间学者，南宋初曾任侍读之官。

⑦ “暂止飞乌将数子，频来语燕定新巢”，杜甫《堂成》诗中句。杜诗中的“将数子”是“带着好几个幼鸟”的意思。

⑧ 古以反切法注音，“色主反”折合今拼音为shǔ。

子？’‘将数子’犹言‘将生子’也，与杜诗语同而意异。”以道必有所据，先君言当时偶不叩[1]之以为恨。

◎黄庭坚《谢周文之送猫儿》

养得狸奴立战功，将军细柳有家风[2]。一箪未厌鱼餐薄[3]，四壁当令鼠穴空。

◎蔡肇《从孙元忠乞猫》

厨廪（lǐn）[4]空虚鼠亦饥，终宵咬啮近秋闱[5]。腐儒生计惟黄卷[6]，乞取衔蝉与护持。

◎猫儿题[7]

邈成身似虎，留就体如龙[8]。解走过南北，能行西与东。僧

---

① 叩，询问。

② 西汉著名武将周亚夫曾经驻军在细柳（在今陕西咸阳西南渭河北岸）。此诗以名将比喻捕鼠之猫儿，故前文有“立战功”之说。“细柳”兼可解为穿鱼工具，故得以比附。

③ 一箪，出自《论语》中颜回“一箪食，一瓢饮，在陋巷，人不堪其忧，回也不改其乐”，形容很少的食物。句谓猫儿不嫌弃食物简单。

④ 厨廪，厨房和仓库。

⑤ 秋闱，（秋天举行的）科举考试。句谓老鼠咬家具的声音严重影响到我的前程。

⑥ 黄卷，指书籍，古书常用黄檗纸印写。

⑦ 此诗年代、作者不详，根据其极力赞扬猫儿的感情色彩，暂将其置于两宋之间。

⑧ “邈”“留”，久远。两句谓自古以来猫儿便有如龙似虎的矫健身姿。

繇画壁上，图下锁悬空[①]。伏恶亲三教，降狩近六通[②]。

◎曾几《乞猫二首》

春来鼠壤有余蔬，乞得猫奴亦已无[③]。青蒻裹盐仍裹茗，烦君为致小於菟[④]。

江茗吴盐雪不如[⑤]，更令女手缀红繻（xū）[⑥]。小诗却欠涪（fú）翁句[⑦]，为问衔蝉聘得无[⑧]？

小 贴 士

此二诗用语颇为生涩怪异，却因为创造了一些词而产生重大影响。“狸奴”指猫首见于唐，而其变文“猫奴”（亦可指猫）却首见于此。以“小於菟”指猫，亦首见于此，

---

① 僧繇，指南朝著名画家张僧繇。句谓知名画家在墙壁上画了一只猫，猫的锁链还活灵活现地悬挂在空中。这两句是形容画工精巧。

② 伏恶、降狩，这里是指捕鼠而言。三教，这里或主要指佛教。六通，佛教所谓的天眼通、天耳通、他心通、宿命通、神足通、漏尽通。这两句是用佛教言辞赞美猫儿。

③ “鼠壤有余蔬”，直译为老鼠出没的土壤上有剩余的粮食，典出《庄子·天道》，本是形容人奢侈，但此诗中当为表达家中有老鼠出没。“已无”，表示已经没有（老鼠），但此诗中其实是表达揣测、希冀。

④ 於菟，老虎的别称。

⑤ 句谓用江南的茶叶和吴地所产的盐换来了比雪还要白的猫儿。

⑥ 繻，细密的丝织品。红繻，泛指美丽的纺织品，给猫做窝用。句谓还让女子给猫做个暖暖的窝。

⑦ 涪翁，东汉人，常钓于涪水。句谓我这首诗中还没有提到猫爱吃的鱼。

⑧ 句谓没有鱼还能聘到猫吗？

其后方有陆游（曾几的学生）之“仍当立名字，唤作小於菟”及鲁迅之“知否兴风狂啸者，回眸时看小於菟”。

◎陆游《赠猫》[①]

裹盐迎得小狸奴，尽护山房万卷书。惭愧家贫策勋薄[②]，寒无毡坐食无鱼。

◎陆游《得猫于近村以雪儿名之戏为作诗》[③]

似虎能缘木，如驹不伏辕。但知空鼠穴，无意为鱼飧。薄荷时时醉，氍（qú）毹（shū）[④]夜夜温。前生旧童子，伴我老山村。

◎陆游《十一月四日风雨大作》（其一）[⑤]

风卷江湖雨暗村，四山声作海涛翻。溪柴火软蛮毡暖，我与狸奴不出门[⑥]。

---

① 钱仲联《剑南诗稿校注》卷十五：“此诗淳熙十年八月作于山阴。”（即1183年，陆游58岁时。）

② 策勋薄，给猫的封赏少。策勋，记录功勋。

③ 钱仲联《剑南诗稿校注》卷二十三：“此诗绍熙二年秋作于山阴。”（1191年，66岁。）

④ 氍毹，毛毯。

⑤ 钱仲联《剑南诗稿校注》卷二十六：此诗绍熙三年冬作于山阴。（1192年，67岁。）

⑥ 溪柴，陆游《家居》诗“溪柴胜炽炭”自注：“小束柴。自若耶溪出，名溪柴。”蛮毡，古西南地区流行的毛毡，参考《桂海虞衡志》。此诗明白如话，后两句如今流传甚广。

◎陆游《赠粉鼻》[1]

连夕狸奴磔（zhé）鼠频[2]，怒髯噀（xùn）血护残囷（qūn）[3]。问渠何似朱门里，日饱鱼餐睡锦茵[4]？

◎陆游《嘲畜猫》[5]

甚矣翻盆暴，嗟君睡得成[6]！但思鱼餍（yàn）[7]足，不顾鼠纵横。欲骋衔蝉快，先怜上树轻[8]。朐（qú）山在何许？此族最知名[9]。

◎陆游《赠猫》[10]

盐裹聘狸奴，常看戏座隅。时时醉薄荷，夜夜占氍毹。鼠

---

① 陆游自注："粉鼻，畜猫名也。"谓"粉鼻"为其所养猫儿之名。钱仲联《剑南诗稿校注》卷二十八："此诗绍熙四年冬作于山阴。"（1193年，68岁。）

② 磔，把肢体分裂。句谓整晚猫儿频频捕鼠。

③ 怒髯噀血，形容猫儿发怒的样子。怒髯，因发怒而竖起的胡须。噀血，喷血。残囷，残破的粮仓。

④ 两句谓问它想不想去大户人家做宠物，吃得好睡得好。前两句是正面描写猫儿的"战功"，后两句似乎是在讽刺时政。

⑤ 钱仲联《剑南诗稿校注》卷三十八："此诗庆元四年秋作于山阴。"（1198年，73岁。）

⑥ 两句谓老鼠打翻盆子发出很多噪声，猫儿怎么能睡得安稳。

⑦ 餍，吃饱。

⑧ 衔蝉，这里用字面意。两句谓猫儿想要夸耀一下自己捉蝉的本事，所以轻快地爬到了树上。

⑨ 陆游自注："俗言猫为虎舅，教虎百为，惟不教上树。又谓：海州猫为天下第一。"朐山，即今江苏连云港（即古之海州）西南锦屏山。两句谓朐山在海州，海州的猫是最有名的。

⑩ 钱仲联《剑南诗稿校注》卷四十二："此诗庆元六年春作于山阴。"（1200年，75岁。）

穴功方列，鱼餐赏岂无？仍当立名字，唤作小於菟[①]。

◎张良臣《山房惠猫》[②]

从来怜汝丈人乌[③]，端正衔蝉雪不如[④]。江海归来声绕膝，定知分诉食无鱼[⑤]。

◎张良臣《祝猫》[⑥]

江上孤篷雪压时，每怀寒夜暖相依[⑦]。从今休惯穿篱落，取次怀春屡不归[⑧]。

◎吴仲孚《咏猫》

弄花扑蝶悔当年，吃到残糜（mí）味却鲜[⑨]。不肯春风留业

---

① 整首诗的大意是说：我用盐聘来的猫儿，常常在我座位旁边嬉戏。时不时吃薄荷醉倒，每天都睡在毛毡上。抓了很多老鼠，我也给了它很多鱼吃。我要给它取个名字，叫“小老虎”。

② 山房，这里应该是指书房。惠猫，得了猫的好处。

③ 此句活用“爱屋及乌”的典故。（《尚书大传·大战》：“太公曰：臣闻之也，爱人者，兼其屋上之乌。”《庄子》中曾以“臧丈人”隐指姜太公，故后人或以“丈人”称呼太公，如杜甫《奉赠射洪李四丈》：“丈人屋上乌，人好乌亦好。”）句谓一开始我就因为爱猫儿爱上它身边的一切。

④ 句谓这只猫儿比雪还要白。

⑤ 两句谓主人回家后小猫就来绕着人腿喵喵叫，主人就说猫一定是饿了。

⑥ 诗题可译作：有关猫的祷告。

⑦ 两句谓每当寒雪压住船篷的冬夜，我总是很想念抱着小猫咪温暖相依的感觉。

⑧ 取次，任意、随便。两句谓以后的日子里，我不再让猫常常钻出篱笆往外跑，不再让猫随便留恋外面的春色而不回家。

⑨ 糜，粥。两句当谓诗人后悔当年追逐繁华，如今粗茶淡饭却也吃得心安。

种[1]，破毡寻梦佛灯前[2]。

◎林希逸《麒麟猫》

新得狸奴，满口皆黑，人谓含蝉，甚佳，绝不能捕，戏以号之。

道汝含蝉实负名，甘眠昼夜寂无声。不曾捕鼠只看鼠，莫是麒麟误托生？[3]

◎陈郁《得狸奴》

穿鱼新聘一衔蝉，人说狸花最直钱[4]。旧日畜来多不捕，于今得此始安眠[5]。牡丹影里嬉成画，薄荷香中醉欲颠。却是能知春信息，有声堪恨复堪怜[6]。

检索唐圭璋《全宋词》中的"猫"，仅见秦观《蝶恋花》"闲折海榴[7]过翠径，雪猫戏扑风花影"，沈瀛《念奴

---

① 业种，孽种。句谓猫儿不去寻偶生子。

② 句谓猫儿趴在佛灯前面的破毡上睡大觉，不问世事。

③ 全诗大意谓，人家管你叫含蝉，但是你整天都在睡觉，不会捕鼠，难道你是麒麟转世？此因猫儿不捕鼠而以为其出身高贵或生性仁德不杀生，与前文所述"麒麟尾"之猫不同。

④ 直钱，通"值钱"。

⑤ 两句谓我以前养的猫不捕鼠，现在这只可以捕鼠，所以我睡觉就安稳了。

⑥ 两句谓猫儿会叫春，让人又爱又恨。

⑦ 海榴，即石榴。

娇》“斩却猫儿，问他狗子，更去参尊宿”[①]，与刘克庄《西江月》“新年筋力太龙钟，腰似铁猫儿重”三句。所谓的秦词实为明人张綖所作，沈词为禅宗常见之语，刘词所说实为船锚，总之宋词中竟不见一句可传之猫词。宋诗、宋文、宋画中大量出现有关猫的内容，则与宋词大不相同。

金代猫诗词

◎李纯甫《猫饮酒诗》[②]

枯肠痛饮如犀首[③]，奇骨当封似虎头[④]。尝笑庙谟空食肉[⑤]，何如天隐且糟丘[⑥]？书生幸免翻盆恼，老婢仍无触鼎忧[⑦]。只向北门长卧护[⑧]，也应消得醉乡侯[⑨]。

---

① “斩却猫儿”即南泉斩猫事，“问他狗子”即赵州狗子事，尊宿为禅宗大师。三句直译就是杀了猫，去问禅师，狗子有没有佛性。

② 此诗有可能是描绘猫儿食薄荷而醉的状态。

③ 《史记·张仪列传》：“陈轸曰：公何好饮也？犀首曰：无事也。”后因以“犀首”（公孙衍之字）指无事好饮之人。

④ 《东观汉记·班超传》：“生燕颔虎头，飞而食肉，此万里侯相也。”句谓猫头像虎头，所以骨相显示它将来能封侯。

⑤ 庙谟，军事政治方面的谋划，这里指政治家。空食肉，用《左传》“肉食者鄙，未能远谋”之事。句谓曾经嘲笑掌权者尸位素餐。

⑥ 天隐，隐逸的最高境界。且，取。糟丘，酒糟积成山丘，形容极多的酒。

⑦ 盆、鼎，此处应该是泛指家中器具。

⑧ 《旧唐书·裴度传》：“卿虽多病，年未甚老，为朕卧镇北门可也。”这里只用字面意思，指只需要猫儿常常睡在北门，就当为主坐镇护家了。

⑨ 醉乡侯，虚拟的一个爵位，对醉酒者的美称，唐白居易、宋苏轼皆曾用此语。

◎刘仲尹《不出》

好诗读罢倚团蒲，唧唧铜瓶沸地炉[①]。天气稍寒吾不出，氍毹分坐与狸奴。

◎王良臣《狸奴画轴》

三生白老与乌圆，又现吴生小笔前[②]。乞与王家禳鼠祸[③]，莫教虚费买鱼钱。

◎李俊民《群鼠为耗而猫不捕》

欺人鼠辈争出头，夜行如市昼不休。渴时欲竭满河饮，饥后共觅太仓偷[④]。有时凭社窃所贵[⑤]，亦为忌器不忍投。某氏终贻子神祸[⑥]，祐甫恨不猫职修[⑦]。受畜[⑧]于人要除害，祭有八蜡礼颇优。近怜衔蝉在我侧，何故肉食无远谋。眈眈雄相猛于虎，不肯捕捉分人忧。纵令同乳不同气，一旦反目恩为雠。君不见，唐家拔宅，鸡犬上升去，彼鼠独堕天不收[⑨]。

---

① 句谓炉子上铜壶里的水烧开了。两句描绘诗人的闲适生活。

② 此诗为题画诗，其画作者当姓吴，所以有"吴生小笔"之说。两句谓吴生画的猫儿活灵活现。

③ 王家，当时指作者王良辰家。一作黄家，则不可解。禳，除。

④ 太仓，此处泛指粮仓。两句极言老鼠喝得多，吃得多。

⑤ 社，土地神庙。《韩诗外传》卷八："社鼠不薰。"句谓老鼠凭借土地神的尊贵而为非作歹。

⑥ 用柳宗元《永某氏之鼠》事。

⑦ 用崔祐甫谏猫鼠同乳事。

⑧ 畜，养。

⑨ 南朝宋刘敬叔《异苑》："仙人唐昉拔宅升天，鸡犬皆去，唯鼠坠下不死，而肠出数寸，三年易之，俗呼为唐鼠。"

◎元好问《仙猫洞》[1]

仙猫声在洞中闻，凭仗儿童一问君。同向燕家舐丹鼎，不随鸡犬上青云[2]。

小贴士

清梁同书《频罗庵遗集》卷十五：元遗山《天坛杂诗·仙猫洞》一首云："同向燕家舐丹鼎，不随鸡犬上青云。"吴梅村"我是淮王旧鸡犬"[3]二语脱胎于此。亦两公心事同也。

◎元好问《醉猫图二首，何尊师画，宣和内府物》[4]

窟边痴坐费工夫[5]，侧辊（gǔn）横眠却自如[6]。料得仙师[7]曾

---

① 此诗为作者《游天坛杂诗十三首》之第五首。诗后自注："是日，儿子叔仪呼猫，〔闻有〕应者。土人传，燕家鸡犬升天，猫独不去。"（土人，指当地人。）又据其《续夷坚志》，已亥年（1239，此时金灭于蒙古已五年）夏四月，五十岁的元好问从阳台宫出发，经过仙猫洞（在今河南济源西北王屋山之绝顶），令其子元叔仪在洞口喊"仙哥"，洞中便有应声，颇为清远。

② 此二句表面上说猫不像鸡犬一般随燕真人升天，实际应该是表达自己不能以身殉国的悲痛之情。

③ 吴伟业《过淮阴有感》（其二）："我本淮王旧鸡犬，不随仙去落人间。"诗亦写亡国之痛。

④ 宣和内府，宋徽宗宫廷。此二诗咏徽宗旧藏何尊师所绘《醉猫图》。

⑤ 句谓有的猫在洞边捕鼠。

⑥ 辊，机器上圆柱形能旋转的东西。侧辊，旁转。句谓有的猫正自在地睡觉。

⑦ 仙师，指何尊师。道士何尊师之名无传，尊师、仙师都是对道士的尊称。

细看，牡丹花下日斜初。

饮罢鸡苏乐有余[1]，花阴真是小华胥[2]。但教杀鼠如丘了，四脚撩天一任渠[3]。

元代猫诗词

◎袁桷《何尊师醉猫》[4]

搅瓮翻盆势不禁，晚风辞醉首岑岑[5]。醒来独立阑干畔，四壁无声蟋蟀吟。

◎柳贯《题睡猫图》

花阴闲卧小於菟，堂上氍毹锦绣铺。放下珠帘春不管，隔笼鹦鹉唤狸奴。

◎丁鹤年[6]《题猫》

食有溪鱼卧有茵，主恩深重更无伦。若将乳鼠夸为瑞，恐负隆冬蜡祭人。

---

① 鸡苏，草药名，功用类似于薄荷，这里应该就是指薄荷。句谓猫吃了薄荷很开心。

② 华胥，传说中梦中的乐土，典出《列子·黄帝》。句谓在花阴里正好做美梦。

③ 两句谓只要猫儿杀了很多老鼠，那就任由它醉倒。

④ 宋初何尊师之画久佚，姑存此以备考。

⑤ 岑岑，胀痛貌。

⑥ 丁鹤年，元代西域色目人。此诗中规中矩，尚可一观。

◎钱惟善《芙蓉白猫手卷》

秋花石上玉狻猊[①]，金尾脩脩敛四蹄[②]。零落旧时宫女扇，扑萤曾见画阑西[③]。

◎王冕《画猫图》

吾家老乌圆，斑斑异今古。抱负颇自奇，不尚威与武。坐卧青毡旁，优游度寒暑。岂无尺寸功？卫我书籍圃。去年我移家，流离不宁处。孤怀聚幽郁，睹尔心亦苦。时序忽代谢，世事无足语。花林蜂如枭，禾田鼠如虎。腥风正摇撼，利器安可举？形影自相吊，卷舒忘尔汝。尸素慎勿惭，策励或逢怒。

◎释云岫《悼猫儿》

亡却花奴似子同，三年伴我寂寥中。有棺葬在青山脚，犹欠镌碑树汝功。

明代猫诗词

◎刘基《题画猫》

碧眼乌圆食有鱼，仰看蝴蝶坐阶除[④]。春风漾漾[⑤]吹花影，一

---

① 狻猊，本是狮子的别名，这里用“玉狻猊”代指白猫。

② 脩脩，高耸貌。四蹄，这里指四爪。

③ 二句谓猫儿曾经陪伴宫女扇扑流萤。

④ 阶除，台阶。

⑤ 漾漾，飘荡貌。

任东郊鼠化鴽（rú）[①]。

小贴士

明周楫《西湖二集》第十七卷：刘伯温先生这首诗，意思尤觉高妙，真有凤翔千仞之意，胸怀豁达。那世上的奸邪叛乱之人，不知不觉自然潜消默化。岂不是第一个王佐之才！他一生事业，只这一首猫儿诗，便见他拨乱反正之妙。

◎瞿佑《玳瑁猫》

皮毛斑驳爪牙坚，食有鲜鳞卧有毡。海客徒能知黑暗，舟人自爱畜乌员[②]。磨簪制带非同品，捕鼠衔蝉是独权。却笑老狸夸玉面，竟遭鼎镬荐盘筵[③]。

◎解缙《题茅山道士藏徽宗画猫食鱼图》

仙箓从教[④]满石床，花阴睡觉赴云乡[⑤]。即今鼠辈都消尽，饱食溪鱼化日长。

---

① 《礼记·月令》季春之月："田鼠化为鴽。"鴽，鹌鹑之类的鸟。古人观察物候，在三月时注意到田鼠变少，鹌鹑变多，故有此说。此句诗谓猫儿任凭田鼠化鴽，表现出一种无为而治的气派。

② 二句谓海船上爱养猫，人们要据之判断时间。这是关于中国海船上养猫的较早记载。

③ 二句谓玉面狸虽有美名，但逃不过被人吃掉的命运，不像玳瑁猫能得到人的宠爱。

④ 从教，任凭。

⑤ 句谓梦赴仙境。

［清］华喦《写生册》

◎龚诩《饥鼠行》[1]

灯火乍熄初入更，饥鼠出穴啾啾鸣。啮书翻盆复倒瓮，使我频惊不成梦。狸奴徒尔夸衔蝉，但知饱食终夜眠。痴儿计拙真可笑，布被蒙头学猫叫。

◎文徵明《乞猫》

珍重从君乞小狸，女郎先已办氍毹。自缘夜榻思高枕，端要山斋护旧书。遣聘自将盐裹箬，策勋莫道食无鱼。花阴满地春堪戏，正是蚕眠二月余。

◎徐渭《狸》

狸虽一尺躯，猛气制十里。有时怒一号，无牙[2]堕梁死。安得此辈来，坐吾书匣底？

◎王世贞《唐伯虎画牡丹（下睡猫，题者不甚快意，因戏为作之。）》

白日当卓午[3]，狸奴睛一线。胡为尚颓然，曲肱掩其面？得非薄苛[4]醉，毋乃干陬[5]倦？风吹木芍药[6]，时时堕芳片[7]。堕者作

---

① 此诗实由宋梅尧臣《同谢师厚宿胥氏书斋闻鼠甚患之》变来。然而龚诗晓畅，似乎青出于蓝。

② 无牙，指鼠，典出《诗经·召南·行露》“谁谓鼠无牙”。

③ 卓午，正午。

④ 薄苛，通薄荷。

⑤ 干陬，亦作“干掫”，夜间巡逻击捕，典出《左传·襄公二十五年》。

⑥ 木芍药，即牡丹。

⑦ 芳片，这里指花瓣。

裀褥，留者充帷幓（luán）[1]。高卧时未至，雄才晚方见。纵横群鼠辈，未解事机变。牙爪攒戟霜，飞腾掣弓电。讵止无当锋，谁与敢奔殿[2]？刳裂惩狡贪，吮咀慰酣战。能令此辈空，不爱通侯券[3]。丹青何人手，唐子少豪健。卖骏足偶蹶，屠龙技方贱。韬精恣鼓跌，含意在荒晏[4]。鲑鰕[5]苟不乏，猫鼠各自便。犹胜李巂（xī）州[6]，摇尾媚娘殿[7]。

清代猫诗词

◎王崇炳《猫攫蝶影（和门人郑圣仪韵）》

斑面狸奴矫捷才，牡丹花下卧青苔。无端粉鼻翻风过，忽睹飞蚨（fú）掠地来[8]。虚攫腾身如有获，谛观似脱转惊猜。世间得失皆无实，都是蕉阴一梦回。

---

① 帷幓，帷帐。

② 当锋，触其锋芒。奔殿，前奔、殿后，指战斗。

③ 通侯，秦汉时期侯爵的最高一等。句谓只要能灭绝鼠类，猫可以连通侯的证书都不要。

④ 二句谓唐伯虎起伏随意，一心韬光养晦，安于饮宴。

⑤ 鲑鰕，指鱼虾。

⑥ “人猫”李义府曾被流放至巂州（今四川西昌），此处如此称呼之，有讽刺之意。

⑦ 李义府曾为武媚娘（则天）心腹，故此处有“摇尾媚娘殿”之说。

⑧ 粉鼻、飞蚨，都指猫。前者用陆游《赠粉鼻》事，后者用《酉阳杂俎》“有钱飞若蛱蝶”事（铜钱别名青蚨）。掠地，擦过地面。

◎周天度《明宣宗画猫图》[1]

章皇[2]妙绘无不宜，画猫画势如狻猊。想当惨澹出意外[3]，笔端讵有何尊师？或坐或蹲或虎步，后者蹶（jué）拿先者顾[4]。红氍卓午蝶梦闲，一线清矑（lú）眼偷聚[5]。太平英主真绝伦，偶然余技称入神。图成黠鼠那[6]敢过？首施却走行逡巡[7]。谁欤题字有西杨[8]，墨痕映茧珊瑚光[9]。曰臣士奇拜手赞，诩诩俨然夸明良[10]。吁嗟乎乐安诚一穴，窄宽河甸一鸱吓[11]。君王倘乏圣武姿，画稿已具宣和迹[12]。从古贤愚无定名，文彩风流空复情。其中大有幸不幸，后人枉笑太师京[13]。

---

① 此诗所说明宣宗之猫图今不传。今所见明宣宗所画猫图有《壶中富贵》与《花下狸奴》两种，另有托名之《唐苑熙春》。

② 章皇，明宣宗谥号“宪天崇道英明神圣钦文昭武宽仁纯孝章皇帝”。

③ 惨澹，尽心竭虑。句谓努力想要出人意料。

④ 蹶拿，跳起来捉（虫鸟等）。顾，回头。

⑤ 矑，瞳仁。句谓猫瞳仁在无声中收成一条线。

⑥ 那，通哪。

⑦ 首施，犹言首鼠（两端），犹疑不决。却走，反走。逡巡，徘徊不进。

⑧ 西杨，杨士奇，相对“东杨”杨荣、“南杨”杨溥而言。

⑨ 此句形容字纸光艳。

⑩ 自注：“图首题云仿宣和笔。”宣和，宋徽宗年号。

⑪ 一鸱吓，用《庄子·秋水》中典故，大意是说猫头鹰（鸱鸮）怕鹓雏跟自己争死老鼠，所以发出“吓”声。两句谓人的快乐很简单，不要有过多欲望。

⑫ 句谓明宣宗是英主，不像宋徽宗那样沉迷于艺术而治国无能。

⑬ 此句用虞仙姑讽蔡京之事。

［明］宣宗《壶中富贵》

◎程晋芳《爱猫诗为梅泮（pàn）作》[1]

乌圆虽柔驯，所志惟搏击。区区常畜耳，何用重怜惜。吾友梅泮翁，好之遂成癖。种勿辨珍奇，毛勿取锦织。裹盐向僧换，贯索[2]从市得。岂惟赍（jī）鱼乙[3]，亦且分肉食。桃笙听晏眠[4]，花影扑狼藉。怀袖一抚摩，俯首笑吃吃。我前为致词："子亦太痴剧。右军爱笼鹅[5]，神契在笔画。支公赏神骏，所嗜乃逸格[6]。彼皆有寓意，而岂尽沉溺。今子胡好为？玩物作无益。宁伸唐宫冤，恐附义府魄。朝闻瓦盆翻，夕讶邻鸡磔。护短而凭愚，悉不速自克？"支颐初不答，徐徐乃为释："人生各有好，彼此勿互易。礼经载八蜡，农事渠有力。珠光一圜（huán）转[7]，线以子午测。纱帷傍张挂，穿柳聘鲁直[8]。称曰玉狻猊，被以金锁勒。谁张雪姑榜，熟向临安索？楚金七十事，事事典以则。昌黎[9]美相乳，用以表仁泽。吾生本贱贫，万里一书策。破帽不改新，破衣不加饰。夫岂尽攫鼠，而有护防责。吾但取其名，徐乃课功绩。饥惟尽一箪，功足荡四壁。时时看洗面，瀹（yuè）

---

① 王藻，字载扬，号梅泮，清乾隆年间江苏吴江人，有《莺脰湖庄诗集》十五卷。

② 贯索，指用柳条穿着小鱼。

③ 赍，把东西送给别人。鱼乙，本指鱼目旁呈乙字状的骨头，这里应该是用来代指给猫吃的小鱼。

④ 桃笙，用桃枝竹编的竹席。听，任凭。句谓任凭猫儿在竹席上睡到很晚。

⑤ 右军，指王羲之。句谓王羲之爱鹅。

⑥ 支公，指东晋僧人支遁，支遁爱马。逸格，超逸的格调。

⑦ 圜转，转圈。

⑧ 鲁直，黄庭坚之字。

⑨ 昌黎，韩愈之郡望。

茗[1]待佳客。亦复锡[2]嘉名，应声如仆役。锦堂氍毹春，我但败毡席。云图[3]抵数金，我以百钱觅。余方愧负若，何乃动讥斥？况余久羁滞，寒坐冰雪宅。独酌一壶春，左右伴岑寂。宵分共卧起，气暖若裘裼。既非卫侯鹤，乘轩丧厥国[4]。又异叶公龙，瞥见心胆惕。黄耳郁高坟，事不厌奇特[5]。予方嗔子迂，慎勿诮我惑！”我闻辄拊掌，所论良亦得。“岂惟谢子过，且使余悦怿。客游多岁月，此辈宜物色。赠子毛颖双，畀（bì）我衔蝉只[6]。”

◎袁枚《相公眷属先期入都，枚入，起居见白猫悲鸣，公独坐凄然，因以诗乞》[7]

乌圆为送主人行，似抱离愁宛转鸣。绕座已无云鬓影，闻呼还认相公声。也同遗爱甘棠好[8]，可许寻常百姓迎。小畜有灵应识我，绛纱帷里旧门生。

---

① 瀹茗，煮茶。
② 锡，通赐。
③ 云图，猫名。
④ 春秋时卫懿公好鹤，鹤有乘轩（一种高级马车）者，以致亡国。
⑤ 黄耳，西晋时陆机的狗，曾为主人长途送信。两句谓黄耳的名头高大（高坟在这里是形容名声的），其事无限神奇。
⑥ 毛颖，指毛笔，典出韩愈《毛颖传》。畀，给予。两句谓我送您一对毛笔，请您给我一只猫。按，此诗押入声韵，故今以普通话读之多不顺。
⑦ 诗题可译作：老师的家属已经提前去往京城，袁枚进入其家中，看到有只白猫在悲叫，老师凄然独坐，袁枚因此写了首诗来求养猫儿。
⑧ 句谓就像西周时人们怀念召公而爱惜其留下的甘美棠梨树一样，我也因为相公而爱护他留下的猫儿。

◎袁枚《猫来后又以诗谢》

狸奴真个赐贫官，惹得群姬置膝看。鼠避早知来处贵，鱼香颇觉进门欢[①]。果然绛帐温存久，不比幽兰服侍难[②]。寄语相公休念旧，年年书札报平安。

◎褚人获《咏无锡纸糊猫》

乌员异种许谁如，粉墨传神意有余。共信头名能捕鼠，也知忘食可无鱼。义同乳子交欢日[③]，静似窥人对局初[④]。二李当年应愧尔[⑤]，腹中畛（zhěn）域[⑥]已全除。

◎高澜《家有洋白猫持赠孙云壑[⑦]并系以诗》

雪色狸奴玉不如，前身疑是老蟾蜍[⑧]。种分崎岛三千里[⑨]，寄

---

① 两句调整成散文应当是：鼠避（因）早知贵（猫）来处，（猫）颇觉鱼香（故）进门欢。

② 自注："公赐素兰，萎矣。"老师曾经送了袁枚素雅的兰草，但已经枯萎了。（不知此二诗所说相公是否即邹升恒。）

③ 自注："唐崔祐甫家猫鼠相乳。"（此处作者记忆有误，应该是说"唐北平王家猫相乳"。崔祐甫是批评猫鼠相乳的，而且那也不是其家中之事。）

④ 初，与上句之"日"表示的都是某个时间。或为猫好动，无法长时间静观对弈，所以只用"初"字形容那一刹那。

⑤ 自注："唐李义甫、南唐李德来，俱号李猫。"

⑥ 畛域，界限、范围，比喻成见、偏见。

⑦ 孙云壑，即《衔蝉小录》作者孙荪意之兄孙锡麐（lín）。

⑧ 蟾蜍，指白月光。

⑨ 种分，猫一胎数子，分别以小猫予人，故有"分猫"之说。"崎岛"，自注："日本国山名。"句谓此猫自三千里外的日本国崎岛而来。

护牙签[1]十万书。漫索晶盐才聘去，试眠花毯趁晴初。只愁午罢生馋吻[2]，要破悭（qiān）囊日市鱼[3]。

◎孙荪意《咏猫》

自是朐（qú）山种[4]，休将五德誉[5]。一生惟恶鼠，每饭不忘鱼。食后只行瓦，倦来常卧书[6]。偷尝亦细事，鞭竹莫加渠[7]。

◎孙荪意《所爱猫为颖楼逐去作诗戏之》

狸奴虽小畜，首载自三礼。祭与八蜡迎，圣人所不废。而况爱者多，难以屈指计。立冢标霜眉，哦诗称粉鼻。黄荃[8]工写生，昌黎曾作记。五德谑见嘲，十玩图斯绘。黄金铸像偿，沉香斫棺瘗。乃知爱猫心，无贵贱巨细。余亦坐此癖，张抟绝相似。贮之绿纱帷，呼以乌员字。箬裹红盐聘，柳穿白小饲。时时绕膝鸣，夜夜压衾睡。著书盈简编，颇自矜奇秘[9]。神骏支公怜，笼鹅右军嗜。所爱虽不同，玩物宁丧志。檀郎[10]独胡为，似疾义府

---

① 牙签，（象牙）书签。

② 句谓只怕下午猫儿口馋。

③ 悭囊，存钱罐。句谓要打破存钱罐，拿钱出来每天给猫儿买小鱼。

④ 朐山种，天下第一的猫品种。

⑤ 句谓用不着比附五德强行吹捧。（我的猫就是这么优秀，不允许反驳，也不接受吹捧。）

⑥ 状猫之逍遥。

⑦ 渠，其。句谓竹鞭不打猫。偏爱、袒护之情溢于言表。

⑧ 黄荃，当作黄筌，宋初画家，善画猫。

⑨ 自注：“余著《衔蝉小录》八卷。”

⑩ 檀郎，古代美男子潘岳的小名叫檀奴，后世因以檀郎代指情郎，有美称之意。

媚。一旦触其怒，束缚遽捐弃。据座啖牛心[①]，虽然名士气。当门锄兰草，颇伤美人意。知君味禅悦，此举非无谓。吞却死猫头[②]，悟彻无上义。

◎高第《憎猫诗答茗玉作》

茗玉所爱猫余逐之，茗玉作诗相谑，爰答斯篇。

狸奴本常畜，惟捕鼠是责。反是职不修，奚用此五德。外貌托仁慈，内性实残刻。溪鲜佐饔（yōng）飧（sūn）[③]，锦毡恣偃息。齰（zé）图或褫（chǐ）书，倒瓮或翻甓（pì）[④]。黠鼠或同眠，邻鸡或遭殛（jí）。一朝佳客至，每叹鱼无食。况复彻夜号，咆哮胡太逼！主人静者流，寒灯勤著述。趁暖入床帏，乘虚踞枕席。既难加防护，能忍此狼藉。子独何为者，而乃好成癖。穿以黄金锁，染以凤仙汁。流连绣榻旁，旋绕镜台侧。偶然一抚摩，娇鸣时伴膝。摇尾而乞怜，卑顺同婢妾。不知章惇身，仙姑早认识。又如义府貌，时人动讥斥。挥之且不暇，翻致重珍惜。余方拟檄讨，尔胡措词饰？猫狸戒毋畜，慈悲见佛力。淡焉结习忘，庶几清净域。

① 啖牛心，用《世说新语》中王济之典，形容人粗豪。

② 死猫头，佛家有“死猫头最贵”之说，阐发无贵无贱之哲学思想，这里应该是孙荪意在“责骂”丈夫。

③ 溪鲜，指鱼。饔飧，指饭。

④ 齰，咬。褫，夺。甓，砖。

◎龚自珍《己亥杂诗》（二一〇）[1]

缱绻依人慧有余，长安[2]俊物最推渠。故侯门第歌钟歇，犹办晨餐二寸鱼。

◎陈维崧《垂丝钓·戏咏猫》

房栊（lóng）潇洒[3]，狸奴嬉戏檐下。睡熟蝶裙儿[4]，皱绡（xiāo）衩（chǎ）[5]。梅已谢，撒粉英[6]一把，将伊[7]惹。正风光艳冶。　　寻春逐队，小楼窜响鸳瓦[8]。花娇柳姹。向画廊眠藉[9]，低撼轻红架[10]。鹦鹉怕，唤玉郎悄（qiǎo）打[11]。

◎朱中楣[12]《西江月·咏小白猫》

弥月狸奴堪玩，新池鱼婢[13]应忙。时时偷觑（qù）[14]水中央，躲在蔷薇架上。　　卧似绿茵滞雪，嬲（niǎo）疑锦幔飞霜[15]。

---

① 自注："忆北方狮子猫。"
② 长安，这里指北京。
③ 房栊，本义指窗户，这里泛指房屋。潇洒，优雅、整洁。
④ 句谓在上面熟睡过的蝴蝶纹裙子。
⑤ 绡衩，生丝裙子的开叉处，泛指布料。
⑥ 粉英，指梅花瓣。
⑦ 伊，指猫。
⑧ 两句谓猫儿成群出去踏春，楼上的鸳鸯瓦都被它们踩响了。
⑨ 画廊，装饰精美的走廊。藉，通借。句谓猫儿暂借画廊一角睡去。
⑩ 轻红架，这里指鹦鹉架。
⑪ 玉郎，这里指家中的人。悄打，轻轻打。
⑫ 朱中楣，明末宗室女子，卒于清康熙十一年（1672）。
⑬ 鱼婢，买鱼的婢女。
⑭ 觑，看。
⑮ 嬲，戏弄，这里应该是猫儿游戏。飞霜，形容飘动的白毛。

穿林似兔忒（tè）[①]轻狂，扑着虫儿谁让？

◎陈聂恒《锦缠道·猫》

数遍菩提[②]，一捻软如堆絮。待呼伊、女奴差愈。顾蜂捕蝶年时语。又向花阴、睡过闲庭午。　　绕螺窗[③]几回，偎他金缕[④]。肯无端、掌中擎汝。笑夜阑（lán）[⑤]、鸳帐春风影，乍差红烛[⑥]，有底[⑦]窥人处。

◎钱芳标[⑧]《雪狮儿·咏猫》

花氍卧醒，又闲趁、十二栏边，一双蝶舞[⑨]。绣倦空闺，几遍春纤亲抚[⑩]。奔腾玉距[⑪]。乱蝇拂[⑫]、红丝千缕。试验取、双瞳似线，庭阴日午。　　好是蚕时早乳[⑬]。问当年果否、共调鹦鹉[⑭]？

---

① 忒，甚、太。
② 形容猫打呼噜。
③ 螺窗，螺旋形的窗户，泛指窗户。
④ 金缕，泛指衣服。
⑤ 夜阑，夜深。
⑥ 句谓忽然差人点亮蜡烛。
⑦ 底，同助词“的”。
⑧ 钱芳标，字葆馚（fēn），江南华亭（主体在今上海松江）人。其人在清初文坛上的地位不及陈维崧和朱彝尊，但此词却引领了清代以词咏猫的风潮。
⑨ 谓毛毯上的猫儿醒来后，又追着栏杆旁的一对蝴蝶跑跳。趁，追逐。
⑩ 春纤，女子手指的美称。二句谓女红之余，女子经常用手抚摸猫儿。
⑪ 玉距，猫爪的美称。
⑫ 蝇拂，即拂尘。
⑬ 传说初夏养蚕时出生的小猫比较好。
⑭ 用武则天调猫鹦共食之事。句谓猫儿像传说中那样温顺吗？

八蜡迎来，何处远村巫鼓？云图锦带。漫拓（tà）得、张家遗谱[①]。灯明处。合对金猊小炷（zhù）[②]。

◎朱彝尊《雪狮儿·钱葆紛舍人书咏猫词索和赋得三首》

吴盐几两，聘取狸奴，浴蚕时候。锦带无痕，搦（nuò）絮堆绵生就[③]。诗人黄九[④]。也不惜、买鱼穿柳。偏爱住、戎葵石畔，牡丹花后[⑤]。　　午梦初回晴昼，敛双睛乍竖，困眠还又。惊起藤墩，子母相持良久[⑥]。鹦哥来否？惹几度、春闺停绣。重帘逗[⑦]。便请炉边叉手。

又：

胜酥入雪[⑧]，谁向人前，不仁呼汝？永日重阶[⑨]，恒把子来潜数[⑩]。痴儿騃（ái）[⑪]女。且莫漫、彩丝牵住[⑫]。一任却、食鱼捕雀，

---

① 拓，影摹，古人的一种书画复制技术。张家遗谱，虚指唐代猫奴张抟行为，虽传说张抟曾用云图、锦带给自己的猫儿命名，但并没有人说过他有猫谱。这三句是说，也学张抟给猫儿们取一些好听的名字。

② 金猊，香炉上的狮子形装饰。炷，烧。句谓猫儿对着香炉。

③ 搦，按压。句状猫毛白而软。

④ 黄九，即黄庭坚。

⑤ 住，停留在。戎葵，蜀葵。蜀葵、石、牡丹多与猫搭配出现在绘画中。

⑥ 藤墩，当指攀援植物和坐具。藤墩、子母也都是猫画中常见的元素。

⑦ 句谓层层帘子被卷起来不动了。

⑧ 形容猫毛柔软雪白。

⑨ 重阶，层层台阶。

⑩ 数，即数子，指猫产子。句谓常常在无声无息间产下小猫。

⑪ 騃，傻。

⑫ 句谓不要胡乱拴住小猫。

顾蜂窥鼠。　百尺红墙能度[1]。问檀郎谢媛[2]，春眠何处？金缕鞋边，惯是双瞳偏注[3]。玉人回步。须听取、殷勤分付。空房暮。但唤衔蝉休误。

又：

磨牙泽吻[4]，似虎分形，眼黄须辨[5]。炎景方长[6]，试验鼻端冷暖。茴香丛暗。扑不住、蝼蛄一点[7]。更寻向、篱根紫芥，石棱[8]红苋。　醉了薪荷频颤[9]。讶搔头过耳，水痕初浣[10]。消息[11]郎归，休把玉鞭敲断。平陵传遍。问啮锁、金钱谁绾[12]。风吹转。蛱蝶惊飞凌乱。

◎陆纶《雪狮儿·咏猫》二首[13]

吴盐箬裹，筠（yún）篮[14]聘好，蚕蚕名揭[15]。窗网晴翻，怕

---

① 句谓猫儿可以翻过很高的墙。
② 谢媛，"未若柳絮因风起"的（才女）谢道韫，这里或代指母猫。"檀郎"（美男子潘岳）或代指公猫。
③ 偏注，斜看。
④ 泽吻，舔嘴唇。
⑤ 自注："何尊师谓，猫似虎，独有耳大眼黄不相同。其画泽吻磨牙，无不曲尽。"
⑥ 句谓一年中白日最长的夏至那天。
⑦ 茴香、蝼蛄也都是猫画中常见的元素。朱彝尊自注："俱见《宣和画谱》。"
⑧ 石棱，多棱的山石。
⑨ 自注："米芾《画史》云：黄筌《狸猫颤薪荷》甚工。"薪荷即薄荷。
⑩ 两句谓责备猫儿怎么还没有洗面过耳，我的情郎怎么还不归来。
⑪ 消息，征兆。
⑫ 谓平陵城中的猫，是谁给系上链子的。
⑬ 此二词费解，似乎只是堆叠意象。
⑭ 筠篮，竹篮。
⑮ 句谓举名早蚕猫。

是眠余犷劣[1]。梅黄雨歇。只草暗、身藏还啮。夜阑悄、无鱼孤醒，苏蛩吟切[2]。　　子母相持飘瞥[3]。又花阴闲洗，客来曾说。舞戏茸茵[4]，料比狮形难别。乌云一捻。遮不住、捎檐[5]微雪。晴圆凸。衔个疏蝉风[6]咽。

又：

春风乍唤，洪阑[7]扑起，瓦沟斜过。村落三家，寻向桑根墙左。同眠稳妥。蓦又赶、狺（yín）狺[8]无奈。画楼[9]恼、偷涎未改[10]，簟（diàn）茵抛涴（wò）[11]。　　小忓佛毡温火。也慈悲假得，逗他藏躲。学话鹦哥，打否能来个个？笼鸡爪破。悄不放、灯宵鸣课。枪拖么[12]。那许雪翻云亸（duǒ）[13]？

---

① 眠余，睡醒。犷劣，丑恶、顽钝。二句谓我猜窗户被弄坏，是猫儿睡醒后的恶作剧。

② 句谓草虫鸣得悲切。

③ 飘瞥，本指迅速飘落或飘过，用在此处则不知所云。

④ 茸茵，毛茸茸的垫子。

⑤ 捎檐，此处当指额头。

⑥ 疏蝉，稀疏分布的蝉。疏蝉风，蝉鸣中的风。

⑦ 洪阑，疑当作“洪澜”，巨浪之意，这里用来表示大雨或者奔腾的猫儿。

⑧ 狺狺，狗叫声，这里应该是指狗本身。

⑨ 画楼，精装修的楼，这里应该是指楼上的人。

⑩ 涎，口水。句谓偷吃的毛病改不了。

⑪ 簟茵，竹席。涴，弄脏、污染。

⑫ 白猫黑尾为“雪里拖枪”。

⑬ 亸，下垂。雪、云皆当指猫之白毛。

◎厉鹗《雪狮儿》四首

华亭钱葆馚以此调咏猫，竹垞（chá）[1]翁属（zhǔ）和（hè）得三阕[2]，征事[3]无一同者。余与吴绣谷[4]约戏效其体，凡二家所有，勿重引焉。昔徐铉与弟锴共策猫事，铉得二十事，锴得七十事，作此狡狯（kuài）[5]，殆非词家清空婉约之旨，观者幸毋以梦窗质实为诮也[6]。

雪姑迎后，房栊护得，黄睛明润。扑罢蝉蛾，更弄飞花成阵。穿篱远近。未肯傍、茸毡安稳。念寒夜、偎衾暖处，梦寻灯晕。　　绕膝声声低问。似无鱼分诉，怜伊娇困。展髆屏前[7]，仿佛三生犹认。怀春最恨。渐取次、归来难准。琼签尽[8]。上案晴蟾铺粉[9]。

又：

---

① 朱彝尊号竹垞。

② 属和，唱和。三阕，三首。

③ 征事，引用的典故。

④ 吴焯号绣谷。

⑤ 狡狯，狡诈。

⑥ 此二句谓大概我作词达不到词家清空和婉约的标准，希望读者不要认为我也失于质实。宋吴文英（号梦窗）的词作曾被人批评失于质实。宋张炎《词源》卷下："词要清空，不要质实。清空则古雅峭拔，质实则凝涩晦昧。姜白石词如野云孤飞，去留无迹。吴梦窗词如七宝楼台，炫人眼目，碎拆下来，不成片段。此清空质实之说。"但其实此词水平尚可，用典并不是很生硬，如"展髆屏前，仿佛三生犹认"，不知其出典仍可读通。切勿将作者谦辞当作罪状。

⑦ 句谓在屏风前伸前腿。展髆也是绘画中常表现的猫儿姿态。

⑧ 琼签，漏箭的美称，古人的夜间计时器。句谓夜深了。

⑨ 自注："徐集诗：乱叶打窗猫上案。"晴蟾，月光。句谓猫登上书案，月光照在它的身上，就像给它铺了一层白粉。

花毛褐染，炎天尚记，荷塘争浴。鼠卜闲时，尽损砌苔幽绿[①]。阑干几曲[②]。任侧辊、横眠初熟。恰又敛、翛（xiāo）翛[③]金尾，蝶衣偷蹴[④]。　　忽起惊跳风竹。听蝇鸣茶鼎，何曾轻触。暮眼才圆，香绮丛边看足。雨檐声续。休吃尽、草芽盈匊（jū）[⑤]。娱幽独。胜了狻猊镂玉[⑥]。

又：

妆楼镇卧，底须诘取[⑦]、於菟痴小。解事吴娃[⑧]，戏学凤仙亲捣。红丝缭绕。便万贯、呼来还少。防失却、裹蹄重铸[⑨]，闲坊寻到。　　蟋蟀吟中醒悄。正无声四壁，立残斜照。不捕依然，阶药纷披[⑩]藏好。乳儿初饱。坐榻畔、微温相恼[⑪]。春回早。八九墙阴新扫。

又：

称伊虎舅，斑斑玳瑁，身边频觑。食有溪鲜，又上小庭高树。如丘拗怒[⑫]。想唤汁、多应回顾。何事费、峨眉画手，穴中

---

① 自注："任鈖诗：睡损苔班日影移。"二句谓猫不捕鼠时，经常在草丛里睡觉，把青苔都压坏了。

② 句谓栏杆是多么弯曲。

③ 翛翛，象声词。

④ 句谓偷偷踩了花衣服。

⑤ 盈匊，满把。

⑥ 句谓（猫儿的状态）比香炉上镶嵌宝玉的狮子要好。

⑦ 底，疑问代词，何。南宋刘克庄《诘猫诗》："古人养客乏车鱼，今汝何功客不如。饭有溪鱼眠有毯，忍教鼠啮案头书。"刘又有《诘猫赋》。

⑧ 句谓懂事的美女。

⑨ 裹蹄，铸金成马蹄形，借指金银。此数句用秦桧孙女失猫事。

⑩ 纷披，杂乱而散散落落。

⑪ 自注："程钜夫《猫诗》：金丝色软坐常温，饱食深宫锦作墩。"

⑫ 如丘，当指欲杀鼠积尸如山丘。拗怒，愤怒不平。

空怖[1]。　　延颈盘旋争赴。笑绿纱帏底，深怜群聚。销得侯封，也算北门长护。青钱百数。买双耳、微痕添锯[2]。窥鹦鹉。月季花前亭午。

◎吴焯《雪狮儿》四首

竹垞先生赋猫词三篇，吾友樊榭[3]广为四作，皆征事实，斐然可诵。爰仿其体，二家所有者不引焉，凡四首。

种来西竺，携笼古驿，无声如塑。为护经台，怎把生魂摧树[4]？花墩困午。展一线、乌针双竖。饶他是、青骢有色，竹鞭休举。　　须记银塘浴处[5]。正圆停[6]回暖，暗星飘度。金锁谁衔，那得飞钱留取？鹦哥唤汝。蚤不遇、生前阿武[7]。吟太苦。野外雪深无路。

又：

绿阴墙角，低飞乳鹊，金铃惊起。蚤又横眠，听罢歌鱼醒未[8]。谋餐洗耳。且莫怪、同牢非类。愁人是、倾敧（qī）椒

---

① 宋邓椿《画继》："道宏，峨眉人，姓杨，受业于云顶山，相貌枯瘁，善画山水、僧佛。……每往人家画土神，其家必富，画猫则无鼠。"

② 宋罗愿《尔雅翼·释兽四·猫》："其耳经捕鼠之后则有缺如锯，如虎食人而锯耳也。"

③ 厉鹗号樊榭。

④ 此句当是用"猫死挂于树上"事。谓猫舍不得死。

⑤ 银塘，清澈明净的池塘。此句当与六月浴猫狗习俗有关。

⑥ 圆停，似乎是指气候。

⑦ 生前阿武，这里指老鼠。

⑧ 歌鱼，用冯谖歌"食无鱼"事，这里则纯粹只表达"歌"。句谓听了歌还不醒，形容猫的慵懒状态。

酒[1]，喧喧隈鬼[2]。　频绕攒（cuán）花膝蔽[3]。趁罗裙微揭，弄风衔尾。快饮鸡酥，寂静小亭沉醉。仙姑暗指。问玉洞、仙哥有几？斜照里。惯与瓦鸱[4]排队。

又：

浴蚕初过，催耕渐起，兽羞频献[5]。白老何知，好把双名低唤。妆楼夜覸（jiàn）[6]。镇一笑、窗前偎暖。留他日、写经湖上，锦茵相伴。　玉几潜窥说馔。只鱼餐一顿，考除功战[7]。细柳将军，壁垒先闻秋毨（xiǎn）[8]。花符漫判。怪女队、呼儿怎办。休作赞。自有议庭书谏[9]。

又：

鼠姑[10]花发，晴帘正昼，玉蝴飞扑。莫向空仓，懒意先知藏缩。逢生避畜。笑五德、多非无欲。窥挂壁、织钩徐动，香粳巡熟。　怜尔毛衣洗沐。爱初收冰脑，彩绳留缚。露爪翻风，恨把故雌声逐。双睛夜烛。看失了、军容互告。勤著录。数向玉堂

---

① 倾欹，倾覆。椒酒，花椒浸泡过的酒，泛指酒。

② 喧喧，形容扰攘纷杂。隈鬼，角落里的（猫）鬼。句谓猫儿打翻酒水，就像闹鬼一样。

③ 攒，积聚。膝蔽，即蔽膝，古人围于衣服前面的大巾。攒花膝蔽，这里应该就是指碎花裙子。

④ 瓦鸱，脊兽，古代房屋之上安放的兽形装饰物。

⑤ 羞，美食。句谓猫儿屡屡捕获老鼠。

⑥ 覸，看。

⑦ 考除，考功拜官。三句似谓猫儿在几案旁偷听到人说，为了奖励它捕鼠的功劳，要给它吃一顿鱼餐。

⑧ 秋毨，秋天鸟兽换毛。但这里似乎应该是同音的“秋狝”，谓秋日打猎。句谓听说周亚夫的军队要打猎，以暗指猫儿捕鼠。

⑨ 此句当是用张汤断鼠偷肉案。

⑩ 鼠姑，牡丹的别称。

更仆。

◎吴锡麒《雪狮儿》四首

《曝书亭集》中有《雪狮儿·猫词》三阕，盖和华亭钱葆馚作也。吾杭樊榭、尺凫[①]两先生相继有咏，其捃（jùn）摭（zhí）[②]也富矣。暇日戏仿其体，复成四章。凡诸家所有，不引焉。

女奴痴小[③]，看蜂蹴果[④]，东风时候。相对瑶姬[⑤]，眼底金波微溜。红繻（xū）缀否[⑥]？悄避入、画裙前后。生怕是、辛苦三眠[⑦]，蚕帘厮守。　但要狮毛长（zhǎng）就[⑧]。傍临安朱户[⑨]，那愁消瘦？醉醒瞢（méng）腾[⑩]，约略香生纤口[⑪]。花阴坐久。怕损了、沿阶苔绣。娱永昼。结伴邻家闲走。

又：

宛然飞白[⑫]，荷塘浴后，轻衣雪浣[⑬]。稳卧斜阳，莫道真如我

---

① 吴焯字尺凫。

② 捃摭，搜集。

③ 句谓猫儿呆萌。

④ 看蜂、蹴果皆为古画中猫的行为。

⑤ 瑶姬，即姬瑶，传说中的神女，这里代指美女。

⑥ 句谓问猫窝有没有做好。

⑦ 三眠，指养蚕女子。古人为柽（chēng）柳一日之内三眠三起，后亦以之代指身材窈窕的美女。

⑧ 长就，生就。

⑨ 朱户，大户人家。此句用秦桧孙女事。

⑩ 瞢腾，形容模模糊糊、神志不清。

⑪ 纤口，小口。

⑫ 飞白，本为特殊书法，这里用作绘画。句谓用飞白法画的猫儿很生动。

⑬ 句谓猫毛色白。

懒。云乡[1]梦转。叹一枕、游仙都幻。凭风雨、化龙归去，那争鸡犬？　　翻笑江心纸翦[2]。任金山四面，也迷真眼。卜日携来，输汝头衔[3]先换。铜花秘玩[4]。料惯惹、无鱼娇怨。重相见。待报杏林春宴[5]。

又：

一肩香软[6]，移来画里，无多家具。小样麒麟，对客几番称汝。妆台惯住。莫便把、燕支[7]匀注。还留待、滴粉如霜，写他眉妩。　　除却宣和旧谱。笑外间依样，几人堪数。两点危星，空照安身高树。清琴罢鼓。问卷轴、倩谁牢护？听儿女。布被蒙头学取。

又：

问西来意，莲花世界，同看经藏。撤讲僧归，细听禅关敲响。伊蒲供养。那用觅、鱼苗分饷。凭饱去、撩天四脚，葡萄茵上。　　休弄红丝标杖。便粉鼻呼来，已空情障。圆满三生，旧事庐州谁访[8]？芙蓉锦浪。道只有、好秋堪赏。开菊酿。重对彩糕无恙[9]。

---

① 云乡，仙乡。

② 用《坚瓠集》北猫不过江事。

③ 头衔，用明皇宫中为猫封官事。

④ 指铜制猫食盆。

⑤ 杏林春宴，这里指科举得中的庆宴。（自注引《续墨客挥犀》事。）

⑥ 自注："刘后村《跋杨通老移居图》：后一童子肩猫。"

⑦ 燕支，同胭脂。

⑧ 传说宋代庐州有"坐化猫"（《后山谈丛》）。佛教将信徒盘膝端坐而死称作坐化，大概当时发现一只类似的猫尸，所以产生如是传说。

⑨ 自注："陆游诗：彩猫糕上菊花黄。"（花当作初。）

◎周稚廉《雪狮儿·猫》

云图锦带，记上妆楼，绣花小本。戏引红绒，又怕纤葱[①]抓损。时辰难准。为双眼、金炉烟喷。闹花丛、鱼翻红子[②]，蝶兜新粉。　　似学闺人春困。是支离弱骨，翻来都尽。宜喜宜嗔，叫过东风一阵。西家墙近。常起看、邻娘梳鬓。彫檐滚。拖落瓦花三寸。

◎王初桐《雪狮儿·猫》三首

乌圆小小，比似乌菟[③]，吻牙无辨。九坎生全，更验尾腰长短。护持书案。更何用、玉鞭敲断？只休恋、茸氍梦稳，锦墩眠暖。　　长与女奴为伴。赚琼花公主，麝香名唤。五色金床，不抓绣绒零乱。粉墙逾惯。又行过、谁家庭院？红楼晚。哕哕呼声清远[④]。

又：

湘筠缚帚[⑤]，扫背频占，灶前初乳。小样麒麟，虽好不如灵武[⑥]。踊身上树。看点点、新蝉能捕。何况是、衔鱼浅水，戏蛾芳圃。　　走向茴香边去。甚闲餐青草，定知将雨。四脚撩天，又在花阴亭午。画房入暮。更坐近、薰猊残炷。灯昏处。碧眼金星双注。

---

① 纤葱，形容细长白嫩的手指。
② 此句形容花朵抖动。
③ 乌菟，通於菟，即虎。
④ 自注："呼猫曰哕哕，见《绀珠》。"（《事物绀珠》）
⑤ 句谓用湘妃竹绑成扫帚。
⑥ 灵武，用《酉阳杂俎》灵武猫事。

又：

狻猊雪色，一种䰐（lán）毿（sān）[1]，玉狮相似。剪纸吴船，甚日携过扬子？红罽[2]纤指。趁稚子、彩丝牵至。漫抚弄、霜眉粉鼻，泥人[3]如是。　　几费丹青料理。认蜘蛛香[4]畔，芙蓉花底。八九初交，小犬共寻阴地。宣盆[5]渍水。乍饮到、鸡苏还醉。人惊睡。怕惹琉璃瓶坠。

◎孙荪意《雪狮儿·题狮猫图》

班班[6]玳瑁，狮毛长就，临安朱户。写入生绡[7]，昔日何黄休数[8]。苔阶眠处。也绝胜、顾蜂窥鼠。试挂向、书堂粉壁，牙签[9]能护。　　我亦怜伊媚妩。记绿窗绣暇，衔蝉曾谱[10]。画里携来，知否玉纤[11]亲抚。含毫凝伫。想滴粉、搓酥描取[12]。双睛竖。帘外牡丹花午。

---

① 䰐毿，毛长而下垂貌。

② 红罽，同“红繻”，泛指美丽的纺织品，参考曾几《乞猫二首》。

③ 泥人，黏人。

④ 蜘蛛香，一种香草。

⑤ 宣盆，明宣德年间皇家精制的猫食盆。

⑥ 班班，犹彬彬，文质兼备貌。

⑦ 生绡，指画布。

⑧ 何黄，古代画猫名家何尊师和黄筌。休数，不能相提并论。

⑨ 牙签，象牙书签，这里代指书籍。

⑩ 自注：“余旧有《衔蝉小录》八卷。”

⑪ 玉纤，手的美称。

⑫ 滴粉、搓酥，形容猫毛的颜色和触感。

◎郭麟《雪狮儿》

茗玉[1]女士辑《衔蝉录》，隶事极博，高迈庵[2]为作《子母衔蝉图》，索题此解[3]。

妆楼记就，知是无聊，深沉院宇。侧辊横眠，亭畔花阴刚午。绣墩小住。谁教见、花奴戏舞[4]？更貌出[5]、薄荷酣后，双睛圆处。　　门外珊鞭休去[6]。尽香温茶熟，小名录取。箬裹青盐，差有残书烦护。痴儿騃女。笑一例、虫鱼笺注。应知否？合伴画檐[7]鹦鹉。

◎吴藻《雪狮儿·咏猫》

买鱼穿柳，将盐裹箬，聘来无价。锦带云图，共戏绿纱帷下。鹦哥教打。但说着、名儿先怕。初浴过、翠生桃叶，香浓冰麝。　　饱卧蔷薇花榭。渐双睛圆到，夕阳红亚。小样痴肥，响踏楼头鸳瓦。衔蝉记画[8]。笑我独、霜毫慵把[9]。新吟罢。似补海

---

① 孙荪意字茗玉。
② 高树程号迈庵。
③ 解，诗词的章节。句谓让我写了这首词。
④ 前文皆写孙荪意，此句始写猫（花奴）。
⑤ 句谓比……更美貌。
⑥ 珊鞭，珊瑚鞭子，鞭子的美称。句谓门外人不要策马而去。
⑦ 画檐，房檐的美称。
⑧ 此句似与《衔蝉小录》有关，谓别人编了猫书。吴藻与孙荪意同为杭州才女，互相之间当有耳闻，待考。
⑨ 句谓懒懒地把玩白猫毛。

棠诗话[①]。

◎吴藻《雪狮儿》

暖姝游皋亭山[②]，归以泥猫儿见赠，戏成此调。

皋亭山上，衔蝉巧样，装成如虎。小市连群，也费青钱无数。跳梁不捕。便置向、书窗何补？翻一笑、博人旧事，笙娲盘古[③]。　痴绝秦家娇女[④]。问等身金[⑤]化，几分尘土？函谷轻丸[⑥]，改作北门长护[⑦]。春纤漫抚。怕粉汗、红糊香污。西湖路。黄胖泥孩同塑。

◎朱昂《沁园春·戏猫》

寂静闲房，盐裹初迎，销遣玉怀。坐戎葵花底，团疑雪拥；茴香叶畔，软胜绵裁。碧柳穿鱼，青瓷饲饭，牵引罗巾兜凤鞋。无聊赖，看衔蝉曲榭，捕雀高台。　昼长捧出瑶阶[⑧]。伺蛱蝶、

---

① 自注："梦蕉家兄尝属题《寿猫图》，不应，戏以子美'海棠'为喻。"（传说杜甫母亲名海棠，故其诗中讳言海棠。）句谓我不写猫的事，可以留给后人考证。

② 皋亭山，位于浙江杭州东北隅。

③ 笙娲，传说中女娲创制了笙簧，此处便以此称女娲。句谓人捏泥猫，就像女娲抟土为人。

④ 秦家娇女，秦桧孙女。

⑤ 等身金，与身高相等的金子。用《西湖游览志余》"金猫赂恳"事。

⑥ 用《东观汉记·隗嚣传》"元请以一丸泥，为大王东封函谷关"事。句谓本可以做大事的泥巴。

⑦ 句谓改塑成了猫形。

⑧ 瑶阶，台阶的美称。句谓白天抱猫出屋。

低飞蹲绿苔。羡牡丹横幅，彩毫缋[1]影；云图小字，妆阁新排。午后扬晴，闲中洗面，好卜萧郎[2]归骑来。春宵爱，压锦衾同睡，晓梦欢谐。

◎吴兰修《沁园春·咏猫》[3]

钱葆馚有《雪狮儿·咏猫词》，竹垞、樊榭、縠人[4]并和之，引征故实，各不相袭，后有作者，难为继矣。余则全用白描，亦击虚之一法也欤？词曰：

江茗吴盐，聘得狸奴，娇慵不胜。正牡丹花影，醉余午倦；荼蘼架底，睡稳春晴。浅碧房栊，褪红时候，燕燕归来还误惊。伸腰懒，过水晶帘外，一两三声。　休教划损苔青，只绕在、墙阴自在行。更圆睛闪闪，痴看蛱蝶；回廊悄悄，戏扑蜻蜓。蹴果才闻，无鱼惯诉，宛转裙边过一生。新寒夜，伴薰笼斜倚，坐到天明。

---

① 缋，同绘。

② 萧郎，代指情郎。

③ 《猫苑》误以此为《雪狮儿》。又民国时潘静淑得临清猫，亦曾作《沁园春》一种，“词以宠之”。

④ 吴锡麒号縠人。

十一 历史上著名的猫文

唐代猫文

◎崔祐甫《奏猫鼠议》

最近某日，宫中宦官吴承倩宣告圣旨，并用笼子装着猫和老鼠给百官观看。我听说上天降生万物，或刚或柔，皆有其性，圣人依循之，降下法则让百姓遵守。《礼记·郊特牲》里面说过：“迎祭猫神，是因为猫吃地里的老鼠。”这样看，猫吃老鼠，记载在礼制经典中，因为猫可以除害而有利于人，即使微贱也被记载了下来。现在猫不食鼠，仁德倒是仁德，难道不是丧失其本性吗？老鼠这个东西，昼伏夜出，《诗经》里写道：“看那老鼠有身体，做人的却不懂礼。”又说：“大老鼠啊大老鼠，不要吃我的黍。”《毛诗序》说：“贪婪而怕人，像大老鼠。”我立即考察，老鼠虽说是动物，但不同于麋鹿獐兔，后者会被人们按时节捕获，作为国家的祭品。这老鼠则全然是有害之物，为何我们要爱惜、保护它？猫本受人养育，而今舍弃本职，这跟执法官吏不依法惩治奸邪，将士不杀敌保国有什么区别？此外，按礼部标准记载的各种祥瑞，其中没有“猫不食鼠”这一条。为此庆贺，我不知道能否讲通。因为国家教化遍彻，政治太平，上天降下众多祥瑞，史官记载不辍。现在的猫鼠相乳，不可胡乱列为祥瑞。如果根据西汉刘向《洪范五行传》来讲，恐怕应该下令让有关部门彻查贪腐，警诫边疆，不要懈怠于办案和巡逻，那样猫才能发挥其作用，老鼠才不会作妖。我愧于靠近皇帝，作为天子的耳目，不顾自己的狂妄愚昧，献上这条建议。谨慎议论如此。

右。今月日，中使吴承倩宣进止，以笼盛猫鼠示百寮。臣闻天生万物，刚柔有性，圣人因之，垂训作则。《礼记·郊特牲篇》曰："迎猫，为其食田鼠也。"然则猫之食鼠，载在祀典，以其除害利人，虽微必录。今此猫对鼠不食，仁则仁矣，无乃失于性乎？鼠之为物，昼伏夜动，诗人赋之曰："相鼠有体，人而无礼。"又曰："硕鼠硕鼠，无食我黍。"其序曰："贪而畏人，若大鼠也。"臣旋观之。虽云动物，异于麋鹿麏（jūn）兔，彼皆以时杀获，为国家用。此鼠有害，亦何爱而曲全之？猫受人畜养育，弃职不修，亦何异于法吏不勤触邪、疆吏不勤捍敌？又按礼部式具列三瑞，无猫不食鼠之目。以此称庆，臣所未详。伏[①]以国家化洽理平，天符荐至，纷纶杂沓，史不绝书。今兹猫鼠，不可滥厕。若以刘向《五行传》论之，恐须申命宪司，察视贪吏，诫诸边候，无失徼巡，则猫能致功，鼠不为害。臣忝枢近，职司聪明，不揆狂愚，辄献公议。谨议。

◎舒元舆《养狸述》

野生禽兽中可以驯养而有助于人的，我发现了狸猫。狸猫天性恨鼠而且可爱，其身体敏捷，文采斑斓，我爱它可以灭鼠，接近正义而且勇敢。有一次见到猎人活捉了一只狸猫，让我得以请回去，放在新昌里（当即今浙江新昌县治）的客房中。在我搬进去之前，这房子曾经是某富户的仓库，墙和地上有很多鼠洞。洞口光滑，每天都有老鼠

① 伏，敬辞。

出入不绝。我住进来以后，果然被老鼠伤害了。老鼠常常大白天就成群出动，即使我敲打拍手吓唬它们，也几乎没有效果。就算暂时把身子缩回去，不久之后也会再出来，一天折腾几十回。老鼠咬穿毛巾和箱子的事常常发生。有时白天出来游走，等它们回去时，家里的物什都被破坏了。在夜里，经常点着灯熬到天亮，和手下人轮班呵斥驱赶，十分影响人休息。有时不留心灯灭人睡，黑暗中又会遇上老鼠沿着床榻爬到人脸上，上下走动，让人没有办法。有人知道了，借给我们衣柜存放衣服，可不久衣柜又被穿透了。我的内心十分苦闷，决心要挖地消灭鼠辈，但二三十日来也没有行动。我对此十分苦恼，就像生了病疮。

自从得了这只狸猫，我曾关上门，塞好洞，把它放到屋里，偷偷观察。只见狸猫高昂着头，伸着鼻子，好像闻到了老鼠的气息，凝神蹲在那里不动。不久，果然有几十只老鼠接连出洞。狸猫忽然跳起来，竖起瞳孔，眼冒金光，身上的花纹都充满了杀气，挥舞着利爪钢牙，怒吼声声。鼠辈都趴伏在地上不敢逃走，狸猫于是过去把他们各个击杀，有的被挖出眼睛，截断牙口，猫尾巴带动鼠头摇动，瞬息间群鼠死了一地。到了夜里，才得以灭灯暗中观察，室内终于安静下来。我因此十分珍爱这只狸猫，经常亲自管理喂养它。至今刚半年，狸猫也不再杀鼠，老鼠也不再出洞，鼠洞口的蜘蛛丝几乎都把洞堵上了。以前的那些衣柜器物，随便摆放，也不会被老鼠咬坏了。

啊！如果没有狸猫，老鼠不光是损坏我的东西，也将咬坏我的身体。所以明白我能够高枕无忧，没有生疮的烦恼，都是狸猫的特殊功劳啊！老鼠本来是属于阴兽，就适合昼伏夜出，常常怕人。以前鼠灾肆虐，不是因为老鼠胆子大，力气壮，可以凌辱人，而是因为人没有灭鼠的好办法，所以才让鼠辈如此任意妄为。现在人的家中，假如没有可用之狸猫，那么再精美的墙壁，也会沦为老鼠窝，甜蜜醇厚、新鲜肥美的食物，又落入鼠辈口腹了。即使耗尽人类的心力，又能拿老鼠怎么样呢？

啊呀！苍天之下，头戴圆冠，脚踩方鞋的，假托圣人教化，比老鼠还要可恶的人也是有的。如果时机不利于正人君子，那么青天白日之下，只能让阴谋得逞了。所以说，夏桀之朝鼠辈多而关龙逢被杀，殷纣之朝鼠辈多而王子比干被挖心，鲁国鼠辈多而孔子被迫离开，楚国鼠辈多而屈原自沉而亡。这样推导下去，知道小人容易得逞，而不知道借用君子的力量来匡扶，就像之前我家的鼠患，不知道用狸猫来治理，任其肆虐，这样五行和七曜[1]也一定会有反常的情况出现，难道不会让人间流行灾难吗？我因为豢养狸猫而悟到这个道理，所以详细地记下始末缘由，放在书箱中，改天拿出来向在上位的仁人君子请教。

野禽兽可驯养而有裨于人者，吾得之于狸。狸之性憎鼠而嘉爱，其体趫（qiáo），其文斑，予爱其能息鼠窃，近乎正且勇。尝观虞人有生致者，因得请归，致新昌里客舍。舍之初未为某居时，曾为富家廪，墉堵地面，甚足鼠窃。穴之口光滑，日有鼠络绎然。某既居，果遭其暴耗。常白日为群，虽敲拍叱吓，略

① 七曜，指日月与金木水火土五星。

不畏忌。或暂黾俯跧缩，须臾复来，日数十度。其穿巾孔箱之患，继晷而有。昼或出游，及归，其什器服物，悉已破碎。若夜时，长留缸续晨，与役夫更吻驱呵，甚扰神抱。有时或缸死睫交，黑暗中又遭其缘榻过面，泊泊上下，则不可奈何。或知之，借椟以收拾衣服，未顷则椟又孔矣。予心深闷，当其意欲掘地诛翦，始二三十日间未果。颇患之，若抱痒疾。

自获此狸，尝阖关实窦，纵于室中，潜伺之。见轩首引鼻，似得鼠气，则凝蹲不动。斯须，果有鼠数十辈接尾而出。狸忽跃起，竖瞳迸金，文毛磔斑，张爪呀牙，划泄怒声。鼠党帖伏不敢窜，狸遂搏击，或目抉牙截，尾捎首摆，瞬视间群鼠肝脑涂地。迨夜，始背缸潜窥，室内洒然。予以是益宝狸矣，常自驯饲之。到今仅半年矣，狸不复杀鼠，鼠不复出穴，穴口有土虫丝封闭欲合。向之韫椟服物，皆纵横抛掷，无所损坏。

噫！微狸，鼠不独耗吾物，亦将咬啮吾身矣。是以知吾得高枕坦卧，绝疮痏之忧，皆斯狸之功异乎！鼠本统乎阴虫，其用合昼伏夕动，常怯怕人者也。向之暴耗，非有大胆壮力，能凌侮于人，以其人无御之之术，故得恣横若此。今人之家，苟无狸之用，则红墉皓壁，固为鼠室宅矣，甘酥鲜肥，又资鼠口腹矣。虽乏人智，其奈之何？

呜呼！覆帱之间，首圆足方，窃盗圣人之教，甚于鼠者有之矣。若时不容端人，则白日之下，故得骋于阴私。故桀朝鼠多而关龙逄斩，纣朝鼠多而王子比干剖，鲁国鼠多而仲尼去，楚国鼠多而屈原沉。以此推之，明小人道长，而不知用君子以正之，犹向之鼠窃，而不知用狸而止遏，纵其暴横，则五行七曜亦必反常于天矣，岂直流患于人间耶！某因养狸而得其道，故备录始末，贮诸箧内，异日持谕于在位之端正君子。

◎牛僧孺《谴猫》

猫这种动物，捕鼠充饥，这是它的本性。老鼠喜欢祸害东西，猫吃老鼠，猫作为人的爪牙，在兽类中负责铲除奸邪。所以古帝王伊祁氏会在过年的时候迎祭猫神。而人凭借猫捕鼠而养猫的道理正在于此。我（牛僧孺）曾经学过《大戴礼记》和《小戴礼记》，知道迎祭猫神的好处，祭祀的人都不想忍受老鼠的侵害，所以请求迎取猫儿来豢养，我因而从其所言。猫不是不健壮，但蛀蚀之事做得比鼠辈更加恶劣。因猫生性懒惰，善于钻祭祀人家的门缝，扣藏的剩余食物被它搜到，隐藏的容器被它提起，聪明得就像有十手百目。而犹有家人割肉给它吃，一日三次不停加食。啊呀！老鼠藏在隐蔽之处，猫受人豢养；老鼠在围墙和地窖里打洞，猫在屋中的垫子上安眠；老鼠出来时紧张害怕，猫游玩时安闲从容。老鼠既然藏在隐蔽之处，那么猫就该等它出来时伏击它；老鼠既然在围墙和地窖里打洞，那有什么地方能留给它呢；老鼠既然出来时紧张害怕，那么猫随便动一下就能吓走它。然而想让猫这么做是很不容易的。我曾读《晋书》和《汉书》，读到两汉间的更始元年（23），赤眉军在陕西作乱，崤山、函谷关、长安一带深受其害，人们以为更始政权能控制局面，结果情况更加糟糕，所以我想到为乱之君主就像偷吃的猫；西晋武帝太康（280—289）末年，赵廞（xīn）在蜀地作乱，汉中、铜山、梁州一带深受其害，朝廷派罗尚征讨，结果人民又深受罗尚之害，所以我想到作乱的臣子也像偷吃的猫。假如更始帝不是倚仗着汉朝正统的名号，那么三秦之人都可以活捉他了；罗尚不是倚仗着晋朝的任命，那么蜀人都可以缉拿他了；猫不是倚仗着主人，那么厨师都可以惩罚它了。然而三者都知道可以暂且倚仗着什么，不知道人们深受其害，所以最后人们驱逐他们，甚而惩罚他们。所以说，假如治国的、掌握兵权的、预防盗贼的，他们一旦凭借正统之名而作乱，害处就比盗贼更厉害，会使天下更乱。我想厨师迎请猫儿，不能不慎重。

猫为兽，捕鼠啖饥，猫性也。鼠好害物，猫食之，是猫于人为爪牙，于兽职为刺奸也。所以伊祁氏季春[1]日迎猫。然则人假借蓄猫之义尽矣。僧孺常学大小戴《礼》，知迎猫之利，摄飧者悉辞以苦鼠之窃，请迎蓄之，僧孺因允其言。是猫也，非不壮大猸狨，而为之蠹逾鼠族者。性懒不捕，善伺饔人户隙，搜盖覆器，挈盖隐器，如智有十手百目者。而犹家人割剩食，三时加哺不敢辍。呜呼！鼠伏隐处也，猫人蓄食之也；鼠窦原垣深窖也，猫安荐茵堂室也；鼠出恍获畏怕也，猫游安缓舒闲也。既伏隐处也，则出可伺之也；既窦厚垣深窖也，何地可空之也；既出恍获畏怕也，掘摇之可怛之也。惟猫甚不易也。僧孺尝读《晋》《汉》二史，见更始元年，赤眉扰秦中，崤函岐雍大苦之，以更始宜制之，而人又苦之，是意乱君之犹猫窃者也；晋太康末，赵厥乱岷蜀，汉、铜、梁大苦之，以罗冲征之，而人又苦之，是意

---

① 春字下旧注“疑”，大概这里原文应该是“伊祁氏季冬”，今译文即如此。

乱臣亦猫窃者也[①]。向使更始非仗汉，则秦人皆得能擒之矣；罗冲非仗晋，则蜀人皆能捕之矣；猫非仗于人，则庖人皆得戮之矣。然三者皆知仗之苟窃也，曾不知人甚苦之矣，以至于逐之，以至于戮之。故有为国者，有知兵者，有防盗者，有仗而皆乱者，则逾于盗也，逾于乱也。思饔（yōng）人迎猫，不可不慎也。

◎来鹄《猫、虎说》

农民计划在地里祭祀，老农说："遵循旧例，差不多就可以有个好收成了。"于是准备了神喜欢的祭品，其中有很多肉类美食，祝告迎请说："对付鼠辈我们有猫吗？对付野猪我们有虎吗？"年轻亲人说："迎祭猫神尚可，迎祭虎神可以吗？野猪毁田地，驱赶它就走了。要是虎来了而没有野猪，它饿了会做什么？（会吃人。）又听说养虎的，不能把完整的动物给虎吃，怕激发虎撕裂的怒意；不能把活着的动物给虎吃，怕激发虎的杀心。如果虎捕获活着的完整野猪，虎的怒意就会暴涨。平时我们射虎捕虎，生怕虎来，更何况迎请虎神呢？啊！我们很快就会死了。"有人请乡贤判断情况，乡贤笑着说："因为老鼠而迎请猫神，因为野猪而迎请虎神，都是因为老鼠和野猪破坏人的庄稼。然而贪婪的官吏夺取普通人的资源，又迎请什么呢？"因此知道猫、虎不免害人，于是撤去祭品，不再商议迎请猫、虎的事了。

---

① 此事可见于《晋书》卷五十七·列传第二十七，但作"赵廞"与"尚字敬之，一名仲"，今译文从正史用字。

农民将有事于原野，其老曰："遵故实以全其秋，庶可望矣。"乃具所嗜，为兽之羞，祝而迎曰："鼠者，吾其猫乎？豖者，吾其虎乎？"其幼戚曰："迎猫可也，迎虎可乎？豖盗于田，逐之而去。虎来无豖，馁将若何？抑又闻虎者，不可与之全物，恐其决之之怒也；不可与之生物，恐其杀之之怒也。如得其豖，生而且全，其怒滋甚。射之擭（huò）[1]之，犹畏其来，况迎之耶？噫！吾亡无日矣。"或有决于乡先生。先生听（yǐn）然[2]而笑曰："为鼠迎猫，为豖迎虎，皆为害乎食也。然而贪吏夺之，又迎何物焉？"由是知其不免，乃撤所嗜，不复议猫、虎。

◎陈黯《本猫说》

从前有种像小兔子的动物，在地里吃庄稼。庄稼成熟时，农民收获回家，似小兔子的动物也跟着人回了家，于是藏在农户的屋里。它擅长偷东西，常常偷吃，能根据人的出入伺机行动。家中主人讨厌它，于是给它起名叫作鼠。又计划择选有捕鼠能力的动物来利用。有人说："野外有一种动物叫作狸，爪尖牙利，吃活物，易发怒，才能捕鼠。"于是主人派人来到野外，等狸产仔时，拿了狸仔回家养着。狸长大以后，果然擅长捕鼠，遇上鼠类便会奋力捕获。为主人捕鼠，又杀鼠而食，因而鼠辈都不敢出洞。虽然猫捕鼠是为了自己吃，但人因此而没有了被鼠偷的困扰，这就是猫有功于人。为何不改掉狸这个名字呢？于是改称之为

---

① 擭，捕取。

② 听然，笑貌。

猫。猫就是本末的末。野外为本，农业为末。被人驯服，就是以本为浅陋，以末为荣耀，所以称之为猫。

猫于是在农户家中产下后代，到了子代，已经不怎么因为鼠类而兴奋了。大概是小猫可以轻易得到母猫捕获的老鼠，母猫吃，小猫也跟着吃，认为不用出击就能吃到老鼠，没有见过母猫捕鼠时的状态，所以也不知道兴奋。小猫又因自己跟鼠类一同被主人豢养，所以心中没有害鼠的念头。心思与鼠类相似，反而跟老鼠一样去偷东西。农民于是叹息道："我本用猫的怒心为我控制鼠类的偷盗。现在猫不再因鼠而怒，已经是不守本职了。却反而与鼠辈和平共处，不能发挥其祖先留下的爪牙的用途。诱导老鼠去偷盗，特别让人失望。"于是把小猫装着放生到野外，又拿了野狸的幼仔回去养。等狸仔长大后，也像之前的一样捕鼠了。

昔有兔类而小，食谷于田。及谷熟，农者获而归之，兔类而小者亦随而至，遂潜于农氏之室。善为盗，每窃食，能伺人出入时。主人恶之，遂题曰鼠。乃选才可捕者而举焉。人曰："苍莽之野有兽，其名曰狸，有爪牙之用，食生物，善作怒，才称捕鼠。"遂俾往，须其乳时，探其子以归畜。既长，果善捕，遇之必怒而捕之。为主人搏鼠，既杀而食之，而群鼠皆不敢出穴。虽为己食而捕，人获赖无鼠盗之患，即是功于人。何不改其狸之名？遂号之曰猫。猫者，末也。苍莽之野为本，农之事为末。见驯于人，是陋本而荣末，故曰猫。

猫乃生育于农氏之室，及其子，已不甚怒鼠。盖得其母所杀鼠，食而食之，以为不搏而能食，不见捕鼠之时，故不知怒。

又其子则疑与鼠同食于主人，意无害鼠之心。心与鼠类，反与鼠同为盗。农遂叹曰："猫本用汝怒，为我制鼠之盗。今不怒鼠，已是诚失汝之职。又反与鼠同室，遂亡乃祖爪牙之为用。而诱鼠之为盗，失吾望甚矣！"乃载以复诸野，又探狸之新乳归而养。既长，遂捕鼠如曩之者。

◎杨夔《蓄狸说》[①]

敬亭山（在今安徽宣州北）的老叟家，苦于鼠患。老鼠穿透屋椽，在墙上打洞，使屋子破烂不堪；把竹筐咬坏，使仓库里没有完整的东西。于是给了猎人钱财，让他寻找小野猫，想着野猫捕鼠肯定比家猫有效。几天后果然在汴州（今河南开封）获得了一只野猫，主人高兴得胜似买到骏马。又是装饰茵褥做窝，又是用鲜鱼来喂养。抚育之周到，就像养活亲生儿女。这野猫抓捕虫鼠，斗杀飞鸟，全都敏捷无比。老鼠都吓得收敛起来，即使把肉类随便摆放出来，老鼠也不敢出来偷吃了。然而猫的野性使它经常想要出去，不挂怀主人的抚育。终于有一天，绳子没有绑好，它就跳墙过屋，忽然不知跑到哪里去了。老叟一片惋惜，十多天不能恢复。弘农子[②]听到后说："野性不驯，受养育而不知感恩的情况，不是只有狸猫，人也有啊。南朝的梁

---

① 此文见于《文苑英华》卷三七二。《衔蝉小录》及《猫苑》皆误以其作者为黄庭坚，很可能是因为黄庭坚曾抄写此文，其刻石今可见于焦山碑林。《猫苑》于此文后更有落款曰："绍圣二年（1095）九月，黄庭坚写。"杨夔活动于唐朝末年，去宋绍圣二年约200年。

② 杨氏郡望为弘农（治所在今河南三门峡），故杨夔自称弘农子。

武帝对侯景宠幸并非不深，西晋的刘琨（kūn）和段匹磾（dī）交情并非没达到极致。后来二人不但背叛了梁武帝和刘琨的诚心，而且还反咬一口。哎呀！养了不该养的，哪有不背叛的呢？”

敬亭叟家毒于鼠暴。穿楄穴墉，室无全宇；咋啮篚筐，帑无完物。及赂于捕野者，俾求狸之子，必锐于家畜。数日而获诸汴，欢逾得骏。饰茵以栖之，给鳞以茹之。抚育之厚，如字诸子。其攫生搏飞，举无不捷。鼠慑而殄影，暴腥露膻，纵横莫犯矣。然其野心，常思逸于外，罔以子育为怀。一旦，怠其绁，逾垣越宇，倏不知其所逝。叟惋且惜，涉旬不弭。弘农子闻之曰：“野性匪驯，育而靡恩，非惟狸然，人亦有旃。梁武于侯景，宠非不深矣；刘琨于匹磾，情非不至矣；既负其诚，复返厥噬。呜呼！非所畜而畜，孰有不叛哉？”

宋代猫文

◎司马光《猫虪（shù）传》[①]

仁义是上天赋予的德性。上天不是只把仁义赋予人类，凡有根性心识的众生皆有，只是给的份量有异罢了。我（司马光）家有只猫叫作虪。猫虪每次在跟别的猫一起吃

① 自注：“元丰七年作。”即公元1084年。虪字本义为黑虎，这里用作猫名。又，韩愈《猫相乳说》之后，多有类似篇章，两宋间便有孙观《猫相乳记》、陈造《猫相乳赞并序》、俞德临《义猫说》等，今皆不录。此《猫虪传》与后文之冯山《猫竹说》，则反韩公意。

饭时，经常退到后面，等别的猫都吃饱离开之后，它才过去吃。偶尔别的猫回来吃，猫𪕮还会再次退避。别的猫多生了小猫，猫𪕮就会把小猫放在自己窝里，与自己生的小猫一起养活，甚至爱视它们超过自己亲生的。有的坏猫不懂得猫𪕮对它的好，反而把猫𪕮生的小猫吃掉，猫𪕮也不跟它计较。家人因为《白泽图》说过“家畜自食其子者不祥”这样的话，见到猫𪕮在一旁，以为它也跟着一起吃小猫，所以将猫𪕮痛打训斥了一番，然后把它遗弃在寺庙里。猫𪕮来到寺庙之后，僧人怎么喂它它也不吃，藏在一个洞里将近十天，最后饿得要死了。家人可怜猫𪕮，就把它抱了回来。回来之后，猫𪕮才开始进食。自此之后，家中每当产下小猫，就让猫𪕮哺育。有一次，猫𪕮为了保护小猫，与狗搏斗了一场，差点被狗咬死。多亏家人解救，它才幸免于难。后来猫𪕮因年老多病，不能再捕鼠，便成为家中多余的存在。我不忍心丢弃它，常常亲自投喂。猫𪕮死后，我命家人以竹箱为棺椁，将它葬于西园。当时是元丰七年（1084）十月甲午日。猫𪕮自生至死，经历了大概二十年。昔日韩文公（韩愈）作《猫相乳说》，以为所谓的“猫相乳”是北平王的仁德感应上天所致。现在我见到自己家中猫𪕮的事，才知道同一物种的不同个体，自然有善恶之分。韩文公的说法，更像是在向北平王献媚。啊呀，那些不懂得仁义、贪婪夺利、损人利己的人，听说了猫𪕮的行为之后，能不感到惭愧吗？就像司马相如《谏猎书》中所说：“万物中有是同类但能力悬殊的，所以大力士数东周时秦国的乌获，敏捷者数吴国的王子庆忌。”人真是这样，兽类也

［元］龚开《中山出游图卷》（局部）

是这样。

早年我任郓州（治所在今山东郓城）通判的时候，养了一只猫叫山宾。山宾几个月大的时候，碰上一只小鼠捕获了一只大鼠，正在吃。山宾就过去与小鼠咬斗，小鼠跑走了，山宾就夺了大鼠回来。后来因为山宾弄脏了我的书，我就让人把它送给了都监官常鼎。一开始打算用绳子绑着它，它跳起来有几尺高，不被牵动挟制，所以家人最后是用袋子装着送过去的。常鼎的住所离我家只有二里多路，没几天山宾又跑了回来。然后我又把它装入袋子送到常鼎家，还嘱咐婢女拴紧。山宾已经认得路了，后来还是找机会回来了，还带着一身的绳子。常鼎便责备那些婢女说："你们虽然是人，但怎么还不如一只猫对主人忠心呢？"我认为既然送给别人，就不能再留着这只猫了，最终还是用袋子把它装了回去，之后山宾就再也没有回来，不知它现在是死是生。山宾不像猫虪那般，我只是欣赏它不忘旧主，所以在《猫虪传》之后又记录了山宾的事。

仁义，天德也。天不独施之于人，凡物之有性识者咸有之，顾所赋与有厚薄耳。余家有猫曰虪。每与众猫食，常退处于后，俟众猫饱，尽去，然后进食之。有复还者，又退避之。他猫生子多者，虪辄分置其栖，与己子并乳之，爱视逾于己子。有顽猫不知其德于己，乃食虪之子，虪亦不与校。家人以《白泽图》云"畜自食其子不祥"，见虪在旁，以为共食之，痛棰而斥之，以畀僧舍。僧饲之，不食，匿窦中近旬日，饿且死。家人怜而返之，至家然后食。家人每得稚猫，辄令虪母之。尝为他猫子搏犬，犬噬之几死，人救获免。后老且病，不复执鼠，于家为长物。余不忍弃，常自饲之。及死，余命贮篚中，瘗于西园。时元丰七年十月甲午也。自生至死，近二十年。昔韩文公作《猫相乳说》，以为北平王之德感应召致。及余家有虪，乃知物性各于其类，自有善恶。韩子之说，几于谄耳。嗟乎，人有不知仁义，贪冒争夺，病人以利己者，闻虪所为，得无愧哉？司马相如称："物有同类而殊能者，故力称乌获，捷言庆忌。"人诚有之，兽亦宜然。

昔余通判郓州，有猫曰山宾。生数月，遇鼷得巨鼠，方食之。前与鼷斗啮，鼷走，夺鼠以归。后因污余书，余以畀都监常鼎。始縶之，跳掷高数尺，不可牵制，乃囊盛以授之。两廨相距二里许，后数日，山宾复来归。余又囊以授之鼎，命婢牢縶之。山宾既识路，即时归，绳约满身。鼎责群婢曰："汝曹虽为人，曾不及彼猫一心于其主。"余以既畀之，不可复留，卒囊以授之，遂不复归，不知其为死为生也。山宾非虪之比，余独嘉其不忘旧主，故录之附于《虪传》之末。

◎孔武仲《吊猫文》

住附近的僧人有只猫，养了已经十九年了。我每次去他那里，就会看到那只猫趴在火炉旁，眼窝深陷，形同骨立，老得不成样子。同类一靠近它，它就发怒出声，所以别的猫也不敢欺负它。难道不是因为它老了所以值得敬畏吗？有一天，一只猫翻过篱笆抢夺小鸡，我家里负责看守厨房的下人（厨兵）如愿抓住了它，绑着猫腿就把它倒挂在树上，打了几百下，又用开水和火去烫去烧，猫被折磨得口水和血水不住地流，最后承受不住折磨而死。我一开始不知道，后来才有人告诉我那猫惨死的情况。再次细问，才知道那是邻僧的猫。我为此哀叹了很久。生物都会死去，那些不幸惨死的很令人伤感。我写了一段文字来哀悼它，说的是：

猫儿你的同类有很多，你依附的地方也比较安全。你睡的是毛毡，吃的是鲜鱼，至今已经十九年了。都知道你已经老了，所以同类都不敢轻慢于你。为何你不知自重，做出如此不道德的事。竟然去偷鸡，死在人的鞭打之下。既受开水的烫伤，又受火烧的折磨。我说厨兵，也是非常残忍。不体谅猫儿的感受，只知道发泄自己的怒火。猫儿你没有别的才能，你的职责是捕鼠。有小东西在动你就去抓，怎么会区分是鸡是鼠。何况你抓的鸡也只是微不足道的，连羽毛和鸡冠都没有长齐。这事竟然让你这只老猫为那只小鸡偿了命。我作为生活在你附近的人，对你的死竟然不能第一时间得知。只能写下这段文字来表达我的悲伤。

猫死后三天，有只野猫整夜守在鸡窝旁，众鸡都被吓到。当厨兵杀了那只老猫的时候，他说过："以前丢了七只小鸡，一定是这只猫做的。"不然那只猫只偷了一只鸡，也不必致死。现在知道了七只小鸡的丢失未必都是那只老猫做的，所以即使是厨兵现在也有些后悔了。

邻僧有猫，畜之至十九岁。余每至其处，则见猫伏火旁，深目骨立。其群近之，则怒作声，故其群亦不敢侮也。岂非以其老见畏欤？一日，有猫越藩而攘鸡雏者，厨兵得而快意焉，縶其足而倒悬之，掠数百，又燔（jiān）之以汤火，涎血交下，不胜苦而死。余始不知也，既而人告其死之状。又问之，知其邻僧之猫也。余叹息久之。夫物之生，莫不有死。有不幸者，为可伤也已。为词吊之，曰：

汝类则多，汝托则安。卧毳（cuì）[①]食鲜，于十九年。谓汝既老，侪不敢慢。何不自重，而作不善。乃以盗窃，死于鞭扑。探汤之苦，炮烙之毒。吾谓厨兵，亦大不仁。不原汝心，骋其怒嗔。汝无他才，其职在捕。动则赴之，何择鸡鼠？况其取微，不尾不冠。乃以耄昏，而塞雏冤。生汝之邻，死吾不知。作为此诗，以载吾悲。

猫死之三日，有狸终夜薄乎鸡栖，群鸡皆惊。方兵之杀此猫也，曰："向亡鸡七枚矣，必皆此猫也。"不然尔攘一雏，亦未至于死。既而知七鸡之亡，未必皆此猫，故虽兵亦恨焉。

◎冯山《猫竹说》[②]

刚过去的三月份里发生了两件事：一件事别人认为平常，但我却感到非常奇怪；一件平常事，别人却认为奇异，这就是猫相乳。梓州（治所在今四川三台）花园中有几十株牡丹，油红色的那株只开了两朵花，特别可爱。三月五日，我吩咐手下幕僚奏乐唱歌，围在那里赏花喝酒。那晚狂风暴雨，把这两朵花都吹折了，而别的花却没有受损。

---

① 毳，鸟兽的细毛，这里指毛毯。

② 此文见于《永乐大典》卷一九八六六"猫头竹"条引"宋冯太师集猫竹说"。题下尚有"濉所说猫相乳"六字，有可能是原题《解所谓猫相乳》。本文重点即解读猫相乳事，虽涉及竹，但跟猫头竹无关。

后来我思考了一下，想到那天是先帝（宋神宗）驾崩的日子。我想帝王驾崩时，各个神灵没有不立刻知道的。大概是城隍土地神想要暗示我们，责备我们的欢宴吧。这就是应该感到怪异而大家没有察觉的那件事。

我家的猫端儿生了七只小猫，班儿生了两只，生产日期相隔三天左右。一个多月时，端儿的奶供给不上了，就略微有躲避小猫的意思，小猫不停地叫。班儿总是看到，于是取走端儿的三只小猫回去喂奶，剩下的四只也跟着去班儿的窝里吃奶。后来两只母猫住在了一个窝里，同时无差别地为彼此的小猫喂奶。兰叔来到我家，见到这一幕，感到有些奇怪，不过也只是笑笑而已。龙图阁学士张靖曾经对我说，他朋友家有两只母猫，一只死了，另一只就同时给自己生的小猫和死去那只母猫留下的小猫喂奶，他托我记载这件事，我却怀疑这件事的真实性。现在见了自己家中的事，知道张靖所言可能是真的，但也不过是生物本能，不足为怪。猫的天性与人接近，又不同于犬马，捕鼠是它的本职，哺育别的小猫这有什么好奇怪的呢？只是民间少有两只猫同时产子的，即使有同时产子的，也少有死一只母猫，同时小猫太多以至母乳不足的，人乍见了所以感到奇怪。我曾说动物也是禀受各种精气而生的，怎知它们没有爱心呢？犬马知道是谁豢养了自己，鸡知道义之所在（报晓），至于虎豹就不知道了，只是因为虎豹生活得离人较远，人见不到罢了。你的话类似于韩愈所说的北平王家的事，那是有人对韩愈讲的，韩愈自己未必亲自见到。见了尚不足以感到诧异，何况只是听说就进行文学演绎，来欺骗迷惑天下人的耳目呢？猫狗是人养的动物。（韩愈所说与张靖所说）两家如果是祥瑞，那么别人家都是不祥；两家有仁义的行为，那么别人家都没有仁义的行为了。韩愈非常不认可割肉孝亲，而不知道自己的说法正与此相近。古人会拿到一些禽兽草木等没有知觉、不懂事理的东西，认为是祥瑞，是上天降下的旨意，而以此盗取虚名以载入史册，这样的事不少。我每次读到这些虚妄的记载，恨不得亲眼见到当事人，往他脸上吐唾沫而责备他。以前东川府盐亭县（今四川盐亭）任伯传郎中守孝时，自称有甘泉和瑞鹿的祥瑞，至今还有一些乡下人喜欢讨论这事。最近湜（shí）告诉我，山间大竹林内有两株祥瑞的竹子。昨天你告诉我猫相乳是人孝友感应而来，现在湜又认为竹子是人孝友感应而来。我平生立身行事，自然有根源和结局，难道要局限于寻求猫和竹的琐碎感应来邀买奇怪的名声事迹，学习那些古今卑贱之人的做法吗？大概是小人物没有想到，所以写了这篇文章来告知你。求你抄写一份寄回去让湜也知道，别让乡亲笑我修为不够而接受了你们浅陋的说法。

昨三月中有二事，人以为常，吾切私怪之；一常事，人以为异，即猫相乳是也。州园有牡丹数十本，油红一本，惟发两朵，殊可爱。三月五日，命宾寮作歌乐，环坐剧饮而赏之。是夜暴风雨，并吹折，他花无损者。自后思之，乃先皇帝晏驾日也。吾意以为帝王之上仙，天下万神，莫不即知，殆城社之灵有所告且有所责耳。可怪也。

端儿生七子，班儿生二子，相去止三数日。月余，端乳不能给，稍避其子，子哓（xiāo）然不绝声。班频视之，遂取其三子以归乳之，四子亦相继往就乳。既而二母同一处，乳儿无彼此之辨。兰叔来此，见而异之，止以为笑而已。张子立龙图尝为吾言，其友人家二猫生子，一母死，一母兼乳之，托予传其事，吾疑其妄也。及见此，虽知其非妄，然乃物性之常，亦不足怪也。猫性近人，又异于犬马，捕鼠乃其职也，相乳安足怪耶？但人家少有二猫同时生子者，虽同时生子，亦少有母死与子多而乳不给者，乍见故怪耳。尝谓禽兽亦禀阴阳五行之气而生，安知其无仁心耶？犬马知其养也，鸡知其义也，至虎豹则不知，特其远人而莫之见也。汝言有类退之说，西平王家有所取也，董生行有所劝也[①]。退之未必亲见也，见之尚不足以为异，况承虚而文之，以诳惑天下之耳目耶？猫狗，众人所蓄养之物也。二家之祥，是众人皆不祥也；二家之有行义，是众人皆无行义也。退之深罪割服[②]者，而不知其说之自相近也。古人有取禽兽草木之无知无识者以为祥为感，盗虚名以载于史册者为不少。吾每读其妄处，恨不亲见其人，唾其面而数之也。往时东川任伯传郎中庐墓，自称有甘泉、瑞鹿之异，至今梓人以为口实。近得湜报，箐内有瑞竹二本。昨汝以猫为孝友所感，今湜又以竹为孝友所感。吾平生行己，自有本末，岂区区求合于猫竹之微，以买奇名怪行，效古今贱丈夫者之所为哉！盖小子未之思也，故书此以晓汝。仰录一本寄归以晓湜，毋使乡人笑吾之涉道浅而受若等之謏（xiǎo）[③]言也。

---

① 此文疑有误，“西平王”当作“北平王”，“董生行”则未详，今姑且译述如此。

② 割服，当谓古代割自己肉为父母治病的愚昧行为。

③ 謏，小。

◎李纲《蓄猫说》

我（李纲，号梁溪病叟）寄居在长乐城（治所在今广东五华西北）东面的佛寺中，在里面的一间屋子里起居寝卧，家具、图书等都存放在里面，每到晚上就被鼠类侵扰。一开始，成群呼叫，忽出忽退，摇动着胡须；到最后，等天全黑了就出洞，一起杂乱奔跑，掀开箱子咬袋子，顺着容器边缘作乱。凡是在箱子里的果实，容器中的汤汁，刚装好的书，不在衣箱里的衣服，都遭到了破坏。它们追逐打斗，顺着房梁跑，咬破窗户，发出的声音很吵，使我不得安眠。聪明的僮仆堵上缝隙来杜绝它们，设置机关来误导它们，求鬼神来诅咒它们，凭借符箓[1]来控制它们，办法用尽了仍没有消除鼠患。有人建议我说："附近寺庙的猫神俊而英武。斑纹像野猫，凶猛如老虎。为什么不借过来养？差不多可以灭鼠。"我听了他的话去借了猫，猫来到的那晚，鼠辈消失了，夜里悄然无声，我得以高枕安眠。

我叹息道：鼠类是对应地支子的神明，处在玄枵（xiāo）[2]之位次。藏起来善于偷盗，对应上坎下艮的蹇（jiǎn）卦。白天伏藏而夜里出动，有门齿而无后牙。挖穿墙壁，随处安家。它无益于外物，但能危害外物，如同蚊子、牛虻和跳蚤、虱子。虽然天地间不能不生鼠类，但好在也生了猫来控制鼠类过度繁殖。唐代永州某人不养猫，结果遭了罪。严重的情况下，老鼠公然在皇宫正门莫名舞动，被人当成

① 符箓，道士、巫师所画的一种图形或线条，相传可以役鬼神，辟病邪。

② 玄枵，十二星次之一。

象征国家吉凶的征兆。现在我借来一只猫，群鼠自然就灭迹了，这难道是猫把老鼠全部掐着脖子杀掉了吗？这是老鼠被威慑住了。做皇帝的，任用有能力的人，那样盗贼就不敢起事，奸邪就不敢发作，敌国就不敢觊觎。所以春秋时范武子在晋国，各家盗贼就自动躲到了秦国；汉代汲黯在朝廷内，淮南王就不敢施行他的阴谋；赵奢、李牧、吴起、廉颇等人在六国为官，四周国家就不敢进犯。这跟猫威慑老鼠有什么不同呢？否则，即使耗尽心力，也不见其可以抵御外敌进犯。为此我写了《蓄猫说》。

病叟寓长乐城东之佛宫，游居寝卧于一堂之上，几杖图史悉存其中，每夕辄为鼠辈之所扰。其始也，唧唧咀咀，吟啸相呼，乍进乍却，以摇其须。其卒也，伺昏出穴，沓走群趋，掀箱啮橐，循沿盘盂。凡果实之在箱筐者，汁滓之在瓮盎者，书籍之初装褫（chǐ）[1]者，衣裳之非在笥者，类遭残毁。相逐相斗，缘梁破牖，其声喧然，卧不得安。僮仆之黠者，窒隙罅以杜之，设机械以误之，质鬼神以诅之，凭符箓以尸之，其术殚而不能去。客有请病叟曰："邻刹之猫，俊而甚武。其斑如狸，其猛如虎。盍假而蓄之？庶几可御。"病叟从其言，猫至之夕，鼠辈屏迹，悄然无声，寝安于席。

病叟喟然叹曰：鼠为子神，其次玄枵。隐伏善盗，坎艮之交。昼伏夜动，齿而不牙。穿墉穴壁，所至为家。是无益于物，而能害物，如蚊虻与蚤虱。虽天地不能不生，而能生猫以制其昌。永某氏不蓄，以罹其殃。甚者至于舞于端门，为妖为祥。今

① 褫，脱掉。装褫，这里应该是偏指装。

予假一猫，而群鼠自息，是岂能尽扼其喉而杀之哉？威詟之也。有天下国家者，任贤使能，蓄威望士以为用，则盗贼不敢起，奸宄（guǐ）不敢作，敌国不敢议。故士会在晋，而群盗奔秦；汲黯在朝，而淮南寝谋；赵奢、李牧、吴起、廉颇之徒用于国，而四邻不犯。何以异于猫之制鼠哉？不然，则虽劳心殚术，未见其能御外侮也。作《蓄猫说》。

◎洪适《弃猫文》

洪适先生来到武林（今浙江杭州），住在黄家的旅店。天黑后没多久，老鼠就成群出动，发出各种声音，天亮之后才停歇。主人养了猫，但不能捕鼠，因此写了这篇文章来说明将猫丢弃的原因。

上天创造了披甲、长毛、生翼、带鳞的各种动物，有些得到了人们的豢养是因为它们对人有益。比如马可以带人奔跑，牛可以帮助垦地种植；狗有为人守备防盗的功劳，鸡有早上报时的功德；鸽子会送信，老鹰会捕猎。所有这些，都是因为它们住在人提供的地方，吃人提供的食物。鸭子和猪不能为人出力，所以只能拿来当食物吃掉。此猫以捕鼠为本职。天热时随便去凉爽的地方，冷了就爬上床。鱼肉美食饱填其腹。我想这旅馆中为何这么多老鼠趁着夜色昏暗成群出动？正急着挖墙脚，忽然又成群结队沿着门爬。踩踏褥子，掀翻器皿。有的咬坏我的被子，有的吃了我的粮食。咬斗喧哗，肆意结党。我想投击它们而怕伤了器皿，我想射杀它们而缺少弓弩。拍桌子吓不到它们，挥竿子打不到它们。我说店主有永州某人的景象，所以使得这些丑恶的生物得以成群结伙。因而整夜熟睡，随便让这些小畜生在一旁胡来。天亮后我叫来店主，向他细问其中缘由。店主告诉我，他养了四五只猫，已经一年多了，却弱得捉不住老鼠。我对店主说，你过来我告诉你。你难道看不到国家设置百官吗？用高位来恩宠他们，给他们很多俸禄，就是想让他们在朝堂上励精图治，在边疆奋勇杀敌；外省官员在各地审案，各级官员安抚好百姓；文采好的供职于文官之列，品格高的供职于谏官之列；善于算账的主管经济，明断是非的主管刑罚。在各个岗位都尽忠职守。一旦失职，就予以罢黜。人尚且如此，更何况小动物。为什么你的猫竟然要被你继续养着？它们既不能捕鼠而让其绝迹，又不能在屋中巡逻而让其藏躲。还向人求食，张着嘴巴伸舌头。这就是疲弱无能，等于是尸位素餐。现在你箱子里没件完整的衣服，屋里没件完整的器皿。把老鼠钻房子当成平常事，把老鼠偷肉吃当成简单事。致使阴贼之物公然行动，这应该归罪于你的猫。为什么不把以前的猫丢了，另去迎请善于捕鼠的猫替代呢？那样猫杀死的老鼠将堆积成山，差不多那个时候大家就可以安枕无忧了。

店主说：是。

洪子适武林，馆黄氏逆旅。屏烛未顷，群鼠纵横，厥声万状，及旦乃止。主人有猫而不能捕，因为文以弃之。

天赋群物兮介毛鳞翼，人所字养兮资其有益。若马可以驰驱，若牛可以垦殖；犬有弭盗之功，鸡有鸣晨之德；鸽之传书，鹰之挚击。凡若此者，故所以居人居而食人食。彼凫彘无所施其

［元］佚名《画听琴图轴》

劳，是以供人之烹炙。惟兹猫焉，捕鼠为职。热则肆乎温凉，寒或登于寝席。鱼肉膏粱，饫（yù）充其臆。念此逆旅，曷其多鼠？乘夜伺昏，群游类聚。方切切以穿墉，俄累累而循户。腾践茵褥，反覆器具。或啮我衾，或食我黍。斗暴喧呼，纵横党与。余欲投而忌器，余欲射而鲜弩。抚几之不能畏，挥杖之不能去。将谓主人有永某氏之风，故使恶物得以集其群侣。因熟寝以终宵，恣微虫之旁舞。旦召主人，历诹其故。主人告余，有猫四五。饲养弥年，孱（chán）不能捕。余谓主人，来吾语汝。汝岂不见夫国家之设官乎？宠以高位，畀以厚禄。相图治于朝端，将折冲于边服。外台澄案于列城，守令抚柔于萌俗。负辞藻者跻翰墨之选，厉威概者列弹劾之属。善心计则司货财，明枉直则尸刑狱。凡厥庶僚，各庀（pǐ）其局。一有旷瘝（guān），旋跬屏逐。人尚如然，况于微畜。胡为汝猫，乃蒙含育？彼既不能咋喉而使之迹绝，又不能游堂而使之安穴。犹乞食以求餐，敢张颐而伸舌。非罢懦之弗堪，殆尸素而饕餮。今汝椸（yí）无全衣，室无全器。以穿屋为常，以盗肉为易。致阴类之公行，宜汝猫之获戾。曷不投远地而迎善捕者代之？则将杀鼠如丘，而庶几安枕卧矣。

主人曰：唯。

元代猫文[1]

◎赵必瑑（xiàng）《回梅庄索猫柬》

老鼠有多么狡黠，苏轼曾经作《黠鼠赋》来讲。老鼠打翻容器，暗夜中探头，挖穿墙壁，这些声音和情况都让人感到厌恶。没想到，明亮的窗子和干净的几案也会被这些鼠辈糟蹋。为什么不写一道红符来驱逐鼠辈呢？承蒙您给我铜钱，我已收到了三十枚，作为猫儿的聘金。今天派遣小猫到您那里，为您保护书房的万卷典籍。如果您可以给它鱼吃，给它毛毡来休息，我会拿出陆九渊的诗来感谢您。希望办事的人可以把这些传达给您。

黠鼠之智，坡老赋之。其覆缶翻盆，窥灯穿壁，声与情状，俱可恶也。不意明窗净几，亦为此曹蹂践，何不书朱符以驱之？承掷至青蚨，已拜卅金，为含蝉聘资矣。兹遣小狸奴来前，谨为山房万卷书之护。食之鱼，坐之毡，主人当拈出陆象山之诗以谢。惟执事其进之。

◎贝琼《猫戒》

官办最高学府中大家吃饭的地方，每天都有一些猫来

---

① 《全元文》中，尚有戴表元《猫议》、蒲道源《放猫说》、陈栎《木猫赋》、任士林《题吾子行瘞猫文后》、李齐贤《猫箴》、谢应芳《猫捕雀图评》、朱右《题白季清义猫卷》、陈旅《猫雀图说》、杨维桢《猫鼠同乳疏》、王礼《赞猫犬图》等，未及备录。

吃人们剩下的肉。有一个在学府进修的山东人孔默，曾经在一个晚上见到一个白衣女子来找他睡觉，女子用青荷叶裹着饭来给他吃。孔默吃了饭，觉得很美味，以至八天都不觉得饥饿，而且把这事告诉给了同宿舍的书生邹杰。众人都说："千年的妖狐能变成人，人多为其所惑而生病，病到最后就会死。"众书生围起来守护着孔默，孔默忽然推开众人跳到池塘里，好像是跟着女子一起走的样子。众人把他拉出来，赶忙找医生来救治，孔默却拿着刀关上门，医生都不能为他开药。几天后，有人见到一只猫出现在堂屋，说这就是狐狸，追过去把猫打死了，猫腹内还有四胎小猫。啊呀！猫被肉诱惑了，竟然因为像狐狸而死于吃肉，而迷惑人的狐狸竟然幸免于死。天下有很多类似的事情，贪婪的人要以此猫为戒。人不能辨别猫和狐狸而误杀之，更何况难以辨别的人和狐狸呢？

成均会食所猫，有餍其弃肉者日至焉。山东孔默读书成均，尝夜见一白衣好女子就寝，以青荷裹饭食之。默食而甘，至八日不饥，且语同舍生邹杰等。咸曰："千岁孽狐能化人，人多惑而病，病而死。"诸生环守之，默忽排众跃池中，若从女子状。众挽而出，亟命医往治，乃握刃闭户，医不得进药。越数日，或见猫于堂，谓即狐也，逐而击之，毙，腹有四子未乳。呜呼！猫为肉所饵，乃以类狐死于肉，而狐之惑人者竟免。天下之事多此类，贪者可以猫为戒矣！然人不能辨猫与狐而误，矧（shěn）辨人狐之难辨哉！

明代猫文

◎李渔《猫说》[1]

民间豢养的动物中，鸡犬之外，还有猫。鸡在早上打鸣，犬在夜里看家，猫捕鼠，都是有功于人而做到了自食其力的。猫被主人喜爱，每次吃饭都让它一起来，甚至有任凭猫儿掀开帷帐进入内室，陪主人一起睡觉的。鸡在鸡窝里睡，狗在屋外睡，居住地和伙食条件都比不上猫。但自古以来评议禽兽的功劳，讲谈治国平天下的象征的，都只提及鸡犬，并不涉及猫。受亲昵的如果是对的，那么被忽略的就不对；受亲昵的如果不对，那么被忽略的就是对的。这不能不让我在二者之间感到迷惑。说：这是有原因的。亲近猫而以鸡犬为贱，就好像喜欢诙谐谄媚的臣子，因为他们不用叫就能自己过来，受到呵斥但不会离开；顺应亲昵而亲近他们，不是因为他们有值得亲近的大道。鸡犬两种动物，以其本职工作为中心，一到打鸣、看家的时候，就各司其职。即使给它们吃好吃的，提供良好的住宿，让它们不去恶劣的环境而来到这些良好的环境，它们也誓死坚守本职。人们这样安置，也是因为它们自身的原因而让它们处于远处，不是因为它们应该被疏远。即使是打鸣、看家的功劳，与捕鼠的功劳也有区别。鸡打鸣，狗看家，

[1] 此文见于《闲情偶寄·颐养部·行乐第一》，本无题，《衔蝉小录》收作如此题目。

忍着饥寒而尽忠，是纯公无私的行为；猫捕鼠，去除害兽的同时自己也吃饱了，有所获益而为，属于半公半私。清廉勤勉，自然而为，不屑于谄媚别人的，是使自己被疏远的行为；假公济私，亲近君主的，是使自己受宠的办法。这三种动物的亲疏都是自己获取的。然而我们主事的人，一定要学习鸡犬的行为，而警戒猫的举动。啊，亲疏可以说，福祸不可以说。猫常得以自然死亡，而鸡犬的死，都不免是被人杀了吃掉。看这三者的得失，可以领悟到工作的难处。那些没有戴着进贤冠在朝堂上伺候皇帝，而在不经意间摆脱出仕患害的人，真是幸运。

家常所蓄之物，鸡犬而外，又复有猫。鸡司晨，犬守夜，猫捕鼠，皆有功于人而自食其力者也。乃猫为主人所亲昵，每食与俱，尚有听其搴帷入室，伴寝随眠者。鸡栖于埘，犬宿于外，居处饮食皆不及焉。而从来叙禽兽之功，谈治平之象者，则止言鸡犬而并不及猫。亲之者是，则略之者非；亲之者非，则略之者是。不能不惑于二者之间矣。曰：有说焉。昵猫而贱鸡犬者，犹癖谐臣媚子，以其不呼能来，闻叱不去；因其亲而亲之，非有可亲之道也。鸡犬二物，则以职业为心，一到司晨、守夜之时，则各司其事。虽豢以美食，处以曲房，使不即彼而就此，二物亦守死弗至。人之处此，亦因其远而远之，非有可远之道也。即其司晨、守夜之功，与捕鼠之功亦有间焉。鸡之司晨，犬之守夜，忍饥寒而尽瘁，无所利而为之，纯公无私者也；猫之捕鼠，因去害而得食，有所利而为之，公私相半者也。清勤自处，不屑媚人者，远身之道；假公自为，密迩其君者，固宠之方。是三物之亲

［清］朱龄《水仙猫石图》

［明］朱瞻基《花下狸奴图轴》

疏，皆自取之也。然以我司职业于人间，亦必效鸡犬之行，而以猫之举动为戒。噫，亲疏可言也，祸福不可言也。猫得自终其天年，而鸡犬之死，皆不免于刀锯鼎镬之罚。观于三者之得失，而悟居官守职之难。其不冠进贤，而脱然于宦海浮沉之累者，幸也。

清代猫文

◎王初桐《猫乘[1]》小引

儒经正史中有关猫的内容，仅有几条而已。剩下的，就纷杂出于传记百家的著作了。南唐二徐兄弟争着条举猫的典故，有的举出二十多条，有的举出七十多条，其具体的内容则没有可考的记载。我们清代内阁中书钱芳标写了《雪狮儿·咏猫词》，前后有很多唱和之作，都是采摘有关猫的典故写成的，远引生僻典故。我也写了三首，讨巧的花招，谈不上词作家要求婉约清空的标准。因而又在校书的空暇，指导抄写员采录相关内容，时间久了就攒出来一本书。我拿过来原始材料整理，删去多余的内容，分门别类，厘定为八卷，书名《猫乘》。私下里比附于伯乐《相马经》、甯戚《相牛经》、《麟经》[2]、喻本元《驼经》、王稚登《虎苑》、陈继儒《虎荟》等书。虽然与大道无关，但

① 乘，历史。猫乘，猫的历史。

② 《麟经》，一般指孔子《春秋经》，但这里应该是一本动物专题著作，疑有误。

也是目录学者不会舍弃的题材。于是把书交给刊行者，以提供给好事之人。又有人认为我是有所寄寓而编纂此书，像五代画家李胜之、元代曲作家张明善一样讥刺当世。讥刺当世我不敢，然而有一些不自觉的自悔自伤的感情在其中。嘉庆三年（1798）冬天，嶕（quán）嵍（wù）[①]山人王初桐写于珍珠泉上的小楼中。

猫之见于经史者，寥寥数事而已。其余，则杂出于传记百家之书。南唐二徐竞策猫事，或二十事或七十事，其事皆无可考。我朝钱葆酚舍人制《雪狮儿·咏猫词》，前后和者不一，皆捃摭猫事为之，极征幽递僻之能。余亦有效颦三阕，狡狯伎俩，无当于词家婉约清空之旨。因复于雠校之余，指授抄胥采录，积久成帙。取而治之，削繁去冗，分门析类，厘为八卷，名曰《猫乘》。窃附于《相马经》《相牛经》《麟经》《驼经》《虎苑》《虎荟》之列。虽无关于大道，亦著略家所不废也。爰授诸梓人，以贻好事者。或以余为有为而作，如李胜之、张明善之讥世。夫讥世则非敢然，然有不胜其自悔而自伤者焉。嘉庆三年冬日，嶕嵍山人书于珍珠泉上小楼。

◎孙荪意《衔蝉小录》自序

做完了日常女红，我有时会看看书；念过书之后，我还爱练习书法。家父喜欢读书，家兄常常在其膝下陪读。他们都喜欢吟诗，夜里也会一起学习。我没什么学问，但有时也自负有才；毛笔饱饱蘸墨，我常戏称自己是抄写员。

① 嶕嵍，山名，在柏人城（今河北邢台隆尧双碑）东北。

今年夏天，偶然辑录了《衔蝉小录》八卷。广采美名，彻览古籍。想到张抟猫名锦带而自以为神奇，考察到元好问的仙哥猫异事而记录下来。秋花和山石旁边，小猫经常趴在那边；银蒜一般的帘子前面，猫儿时不时会戏弄一下鹦鹉。猫儿双瞳竖成针的时候，我去院子的阴凉处验证了当时正是正午；猫儿四脚齐奔时，正是它在院子里撩拨蝴蝶。有的猫在房里安稳地趴着而能善解人意，有的猫母子相对而有一种天然的趣味。何况猫是从西方天竺而来，守护佛经来立功；人们用吴地所产白盐聘取猫儿，打开《诗经》发现其中有对它的歌咏。古礼八蜡之中就有迎猫的仪式，有人还能记起三世之前与猫的缘分。即使猫儿与鼠同眠那又何妨，我只怕它变成龙飞走不再回来。读过《挥麈新谈》的逸事，知道猫被夸有五种美德；读到《说苑》的寓言，也不以猫只值百钱为贱。叫它白老，自然不同于叫乌员；叫它狸奴，偏偏又有人叫它虎舅。当年猫被画出来，作为十种珍玩之一；而今我编辑此书，姑且作为江南二徐的后辈吧。嘉庆四年己未（1799）四月十五日，孙荪意（字苕玉）写于贻砚斋。

绮窗绣罣，时翻插架之书；棐（fěi）[①]几吟余，爱写换鹅之字。家严性耽铅椠，膝下常依阿兄。雅喜歌吟，灯前共课。胸无卷轴，敢将博士相夸；笔饱麝煤，每以钞胥自哂。今年夏，偶辑《衔蝉小录》八卷。佳名遍采，旧籍通搜。忆锦带之矜奇，历

① 棐，通“榧”，木名，香榧，也叫“野杉”。《晋书·王羲之传》：“见棐几滑净，因书之。”

仙哥而纪异。夫秋花石畔，惯卧狻猊；银蒜帘前，戏调鹦鹉。乌针双竖，验午日于庭阴；玉距齐腾，掠春驹于院落。或房栊稳卧而慧解人情，或子母相持而闲增天趣。况来从佛国，守经藏以策勋；聘用吴盐，擘《诗笺》而入咏。礼迎八蜡，缘忆三生。何妨与鼠同眠，窃恐化龙竟去。阅《麈谭》之剩事，曾称五德能全；读《说苑》之寓言，莫以百钱为贱。唤伊白老，自别乌员；呼以狸奴，偏称虎舅。当日描摹入画，曾居十玩之中；于今编集成书，聊附二徐之后云尔。嘉庆四年岁次己未孟夏望，茗玉孙荪意志于贻砚斋。

◎黄汉《猫苑》自序

猫本来是普通兽类，但它跟人类社会关系较近，而与其他动物相比显得有些特别，这是为什么呢？大概古人有迎猫神的，是因为猫有灵性；把猫叫作神仙的，是因为它懂得修道；养在寺庙里，是因为它有慧根。有人因为猫的威猛，而叫它为“降鼠将军”；有人因为猫的德行，而赐予其各种“官职”；有人因为猫有威严，而尊称之为王。所有这些，都是猫享受的特殊礼遇。有人视之为鬼而厌恶猫，有人视之为妖而害怕猫，有人视之为精而畏惧猫，也是由猫的神奇怪异、不媚俗而导致的。然而妖是因为人类败德而兴起的，这又怎么能归罪于猫呢？而且有人称猫为“姑”，为“兄”，为“奴”，又都是爱猫到极致的表现。像“妲己”这些美人称呼的出现，更是因为人觉得猫万般柔媚可爱。至于称猫为“公”，为“婆”，为“儿”的，这又是民间常见的习惯称呼，更不必被当作是有关猫的异事。

猫的特异之处在于其生来机灵，灵活机敏。捕鼠之外，不是在房顶高声鸣叫，就是在花荫中闲卧，捕蝉扑蝶，安静地嬉戏玩乐，育子交友，自适天性。而且猫在世上没有繁重的累赘，也没有俗事牵缠的烦恼，对财物有守护的功劳，对家人有依恋不舍的感情，功劳显赫而趣味充盈，怎能让人不爱它、重视它！所以人们以柳条穿鱼，用竹叶裹盐，慎重地聘迎猫儿。给猫戴上铜铃和金锁这些美好的装饰。鲜鱼供它食用，毛毯供它睡卧。士大夫有绿纱帐的宠溺，闺秀有纳于香袖的爱怜。猫享受到的恩宠，跟其他动物相比是怎样的呢？猫与人间世事的缘分，甚至有至为爱恋而寸步不离的那种缘分，才使它得到这样优厚的待遇，这就是为什么猫比其他动物更特别的地方。啊呀！猫形体虽小，但也是天地阴阳偏胜之气所郁结之体。有益于人，结交名人贤士，给兽类家族增光添彩，这种情况多了，真是猫的荣耀啊！每个人都有爱好，而我偏偏喜欢猫。大概是喜欢猫有神的灵异，有仙的修为，有佛的慧根；喜欢猫有大将的威猛，有官长的高德，有王侯的威风。而且爱猫没有鬼、妖、精的可恶、可怕、可畏，而有鬼、妖、精的虚名；爱猫有姑、兄、奴、妲己的可爱、可喜、可媚的美名，而没有为姑、兄、奴、妲己的实际；也爱猫能有为公、婆、儿的名实相副。这就是我撰辑这本《猫苑》的原因。咸丰二年（1852）夏至，瓯滨逸客黄汉自序。

夫猫之生也，同一兽也，系人事而结世缘，视他兽有独异者，何欤？盖古有迎其神者，以有灵也；呼为仙者，以有清修也；蓄之于佛者，以有觉慧也。或以其猛，则命之曰将；或以其德，则予之以官；或以其有威制，则推之为王。凡此，皆猫之异数也。他或鬼而憎之，妖而怯之，精而畏之，抑亦猫之灵异不群，有以招致之。然而妖由人兴，于猫乎何尤！且有呼之为姑，呼之为兄，呼之为奴，又皆怜之喜之至也。若夫妲己之称，不更以其柔媚而可爱乎？至于公之、婆之、儿之，此又世俗所常称，更不足为猫异。独异其禀性乖觉，气机灵捷。治鼠之余，非屋角高鸣，即花阴闲卧，衔蝉扑蝶，幽戏堪娱。哺子狎群，天机自适。且于世无重坠之累，于事无牵率之误，于物殖有守护之益，于家人有依恋不舍之情，功显趣深，安得不令人爱之重之耶！以故穿柳裹盐，聘迎不苟。铜铃金锁，雅饰可观。食有鲜鱼，眠有暖毯。士夫示纱幮之宠，闺人有怀袖之怜。而其享受所加，较之群兽为何如耶？然则猫之系结人事世缘，若有至亲切而不可离释者，方有若斯之嘉遇，此猫之所以视群兽有独异焉者。呜呼！血肉之微，亦阴阳偏胜之气所钟。宜乎补裨物用，缔契名贤，贻光毛族，多矣，庸非猫之荣幸乎哉！人莫有不好，我独爱吾猫。盖爱其有神之灵也，有仙之清修也，有佛之觉慧也；盖爱其有将之猛也，有官之德也，有王之威制也。且爱其无鬼、无妖、无精之可憎、可怯、可畏之实，而有为鬼、为妖、为精之虚名也；且爱其有姑、有兄、有奴、有妲己之可怜、可喜、可媚之名，而无为姑、为兄、为奴、为妲己之实相也。抑又爱其能为公、为婆、为儿之名实相副也。此余《猫苑》之所由作也。岁咸丰壬子长至日，瓯滨逸客黄汉自序。

后　记

一

昏天黑地般整理了不少《山海经》文献的我，其实一直生活在一望无际的华北平原上，极少见到山，也极少见到海。直到去年冬天，才忽然来到这"地无三尺平"的湘南，如今已然领略了一整个雨季。三十年来对南方的想象，至此化为触手可及。见到连日阴雨下的小蔷薇，我这才意识到北方的月季是那般硕大饱满，香气浓郁。连带校园里的桃花、樱花、杜鹃、泡桐、栀子，一树树，一丛丛，都像是明清绘画中的美人那样娇软无力。香樟树更是春日落叶，逢着阴雨天，风一吹过来，就颇有《楚辞》中"杳冥冥兮羌昼晦"的感觉，就颇使我这糙汉黯然销魂。然而毕竟还有金樱子和鸢尾，给了我不少的惊艳。

去逛博物馆，见到大灵猫模型，我当即认了出来，而本地的同事有的还不认识。吃个甜瓜，我说有一种"狸瓜"，就是某种带花纹的甜瓜。去爬山，我说毛竹在古代往往被写成"猫竹"。

每天经过的图书馆门前的台阶旁，竟然有一大丛枸骨，这是我前两天才注意到的。而枸骨，古人或称之为“猫儿刺”。

我在老家的时候，专门做了张地名带猫字的京津冀地图，然而总共才15处可标。湖南则有509个地名中带猫字，单郴州便有19处，所以我偷懒只做了郴州猫地图，打算有机会就去探访。

我们学校就在南岭山脉上，而南岭最高峰正是猫儿山。中国历史上最早以爱猫闻名的唐代大夫张抟是连山人。猫儿山在广西，连山在广东，但都靠近湖南，所以在一般的湖南地图上也可以看到。

同事们看我似乎有点魔怔，什么都能联系到猫。有人就告诉我说，他从小就小小的，所以人家都喊他“猫坨”——这是一个衡阳方言词，意思大概是像一坨小猫那样大的孩子。

这五彩缤纷的世界，让人不由得心生欢喜。而满世界寻找猫儿的痕迹，就是我这几年的一大生活乐趣。

二

可巧在本学期初收到巴蜀书社王群栗先生的稿约，让我有机会从一个新的角度去审视我的猫儿文献。

清代的三本猫书，王初桐《猫乘》、孙荪意《衔蝉小录》与黄汉《猫苑》，在很大程度上满足了我们对了解古代猫儿的渴望。我们既然站在了前人的肩膀上，自然有机会看得更远。我就一直想新编一本猫书，这本《中国猫咪》正好满足了我这个愿望。虽然交稿时间比较紧张，但最终也确实弥补了古人和我自己的一些缺憾。

比如之前我在《猫奴图传》一书中忽略的《聊斋志异》中很多相关材料，终于在此书中得以讲述。

古人引文的细碎错讹，大多已被我改正。《猫苑》中恶劣的烟酒待猫故事，自然也被我删落了。该压缩的压缩，该还原的还原，该补充的补充，这些都不展开讲了。

具体内容恐怕不可避免地还有一些争议。比如吴锡麒《雪狮儿》"云乡梦转"一句，《衔蝉小录》引作"云卿梦转"，当年我见陆蓓容说当作"乡"，还以为人家说错了。因为我查到《琅嬛记》中有沈云卿梦兆得美人苗蕴之事，"苗"可通"猫"，如此则意涵丰富。不成想如今见吴氏自注，方知是用解缙"花阴睡觉赴云乡"之典，前番不过是我自作聪明罢了。

此书编写过程中着力最多的，恰恰是这些唯独没有白话译文的诗词，而其他篇章似乎是这些诗词的前传与后跋。为此我不但请蘑菇（郑凌峰）兄在复旦大学录出王初桐《杯湖欸乃》中的三首《雪狮儿》，还请李让眉君为此书作序，幸得如愿，不胜感念。

又蒙同事刘瑶老师及大二的郑安祺同学审阅全稿，提供了诸多宝贵意见，在此表示衷心感谢。看到安祺在书稿上圈出令人动容的那些句子，我的内心也无限满足。

2024年暑假马上会来的月初

刘朝飞记于湘南学院